五星人格

让你遇见真实的自己

徐锦元 ⊙ 著

中国友谊出版公司

图书在版编目（CIP）数据

五星人格：让你遇见真实的自己 / 徐锦元著. —
北京：中国友谊出版公司，2017. 11
ISBN 978-7-5057-4232-1

Ⅰ. ①五…　Ⅱ. ①徐…　Ⅲ. ①人格心理学　Ⅳ.
①B848

中国版本图书馆CIP数据核字（2017）第267672号

书名　五星人格：让你遇见真实的自己
著者　徐锦元
出版　中国友谊出版公司
发行　中国友谊出版公司
经销　新华书店
印刷　北京中科印刷有限公司
规格　880 × 1230毫米　32开
　　　9印张　250千字
版权　2017年12月第1版
印次　2017年12月第1次印刷
书号　ISBN 978-7-5057-4232-1
定价　39. 80元
地址　北京市朝阳区西坝河南里17号楼
邮编　100028
电话　（010）64668676

目录 | CONTENTS

推荐序一　人格无好坏之分

常言道："性格决定命运。"

日常一言一行，甚至自己并没觉察的潜意识，都与人格类型有关。人格类型严重影响了我们日常所思所想、所作所为。

每个人都有其独特的人格结构，本书作者锦元借鉴西方人格心理学的理论，结合自己近五万人次的解读评测实践，通过对十多万的人格数据进行分析，整合出了以中国传统文化"金、木、水、火、土"作为五星标注符号的人格结构模型，发展出了一套符合我们中国人特性、便于中国人理解和应用的实用人格分析系统——五星人格模型。

在锦元的五星人格模型中，你会发现：

五星人格

——金星人格：充满自信，用自己锐利的眼睛正视对方，审视对方，并迅速下达任务。

——火星人格：热情洋溢，总是能用自己的“三寸不烂之舌”打破僵局，并调动活跃气氛。

——水星人格：善于聆听，经常扮演听众角色，偶尔点头、简单地回应一番。

——木星人格：思维谨慎，不会放过任何思考的机会，在心里暗暗分析对方话语的可信度，然后再做出回应。

——土星人格：能迅速觉察对方的人格模式，在三言两语中对症下药，遇强则强，遇弱则弱。并且，上述四种人都会将土星人引为知己。

五星人格并不是将人格简单的分成五种类型，而是每一颗“星”分别代表了四种典型和一种综合的人格模式。也就是说，你可能是“木星人格”，但是你人格中同时又会包含金星人格或火星人格，它们或单独或混合，构成一个人的独特人格模型。

当然，无论你是哪一种人格模型，这其中都没有优劣之分，正如黑格尔所说：“存在即合理。”人格是先天的气质为基础，在后天成长的生活环境中造就。因此，人格是可以改变的，锦元正是相信了这一点，所以发展出他的五星人格模型，帮助职场人士了解自己，改变自己。

能够充分的认识自我是很重要的，通过书中举例的疤痕实验我们就可以看出：每个人怎样认识自己就会怎样认识世界，同时也决定了他人怎样认识自己。就像那句西方格言说的："别人是以你看待自己的方式看待你。"

公元前六世纪，中国伟大的哲学家老子在《道德经》中就说过："知人者智，自知者明。"几乎在同一时间，希腊伟大的哲学家苏格拉底也指出要"认识你自己"。因此，凡事首先要自知。而自我认知的核心，就在于如何有效突破"不知不觉"的内在状态，并促进自己经常自省。

了解五星人格模型的过程，就是一个学习五星人格体系并自我修炼的过程。它可以帮助我们如何成为更好的自己，可以教会我们如何更加智慧地生活。因为，外在行为受到内在人格模式的影响，人格的改变必将带来新的行为模式，而在最合适的人格模式影响下，就会让我们离幸福更近。

"人格无所谓好坏"，这就是锦元在书中一直强调的一句话，也是我从书中所读出的锦元对人格的认识最好的领悟。无论我们是怎样的人格模式，只要经过自我的觉察和修炼都能升华为"卓越的土星人"——具备金星人的领导才能、火星人的社交天赋、水星人的善解人意、木星人的完美精神，这就到了相当高的修行境界了。

所以，学习五星人格模型的过程，其实就是一个了解差异、理解差异、接纳差异，并欣赏差异的过程。通过学习五星人格模型我们会知道，无论哪种人格类型，都无好坏、优劣、高低之分，不管你是什么人格类型，都不会影响你的事业成功。而且，通过培养和修炼人人皆可以更完美。

通过阅读本书和学习五星人格模型，我们可以发现：拥有卓越人格模式并不是一件十分困难的事情。可以说，五星人格就是一种精妙的人格分析工具，它能让我们以理解、宽容和欣赏的人生态度来面对现实生活中的种种挫折和不幸，敞开心扉，营造出一个个性十足的积极的生命空间。

幸福和成功就是如此简单——只要你掌握了掌控自己人生的方法，你就能改变自己的未来命运，进而通过自己改变所处的环境和身边的人。

清华大学－伯克利心理学高级研究中心特聘教授

北京大学心理学博士

推荐序二　觉醒和觉悟

——知人、知面、知心、知行

为什么员工总是不好管，管理到底管人还是管心?

为什么领导总是不喜欢自己，自己为什么总是不受其他同事待见?

为何相爱容易相处难，是性格不合、没感情了吗?

为什么有时候总是缺少安全感，而使内心焦虑不安?

人常说："一样米养百样人。"又说："人之不同，各好其面。"人类是不是真的太复杂了，真的很难懂呢?其实，并不是这样。这其中更多的是人格模式在起作用。不同人格模式的人，常常会对同一件事情呈现出不同的表现形式。

五星人格

在《五星人格》这本书中，锦元用五星人格就把人格清晰简洁地分成五种类型，每种类型都有其鲜明的人格特征：

——金星人说话直接，做事干脆果断，永不认输，凡事要的就是结果满意。

——木星人是追求完美、精益求精的思想大师，但难免在追求完美中变得固执。

——水星人乐于与包容、随和，能随时随地成为他人的朋友。但当过度压制情绪到一定程度时，他就会找到一个事情突破口歇斯底里地爆发。

——火星人的朋友很多，遍布五湖四海，是大家心中的开心果。然而，火星人遇到的麻烦也不少。

——土星人处事圆融，弹性极强，处世时时留有余地，行事绝对不会剑走偏锋或极端，且擅长整合内外信息，兼容并蓄，是个“万人迷”。但时常也会陷入内心的矛盾和纠结中。

古语云：“知人者智，自知者明。”人的很多痛苦不是来自于不了解自己或不了解他人，而是不停去总想着影响他人、改变他人，却不去想一想如何让自己成为生命的主宰。正如锦元所说：“内在生命与人格成长分为四个阶段：觉知、觉察、觉醒、觉悟。”

“五星人格”所讲述的并不是简单的人格分类，而是教给你如何了解自己的人格，当了解了自己的人格之后再进行修炼，这是一个不断的上升到最佳点的过程——从其他人格上升到卓越土星人格的过程。这样就能不断完善自身，成为一个完美的人。

当然，要想自我不断蜕变成长，这就需要你：了解自己→理解自己→悦纳自己→欣赏自己→珍爱自己，并最终成为一个卓越的土星人，从而才能欣赏他人，享受喜乐人生！

五星人格是讲求“主我”的，这种“主我”就包括了觉知、觉察、觉醒和觉悟。所以，一切的自我修炼，都是从自我觉察开始的。觉察，就是一切改变的开始；觉醒，就是一切改变的过程；觉悟，就是一切改变的结束；所有改变都有觉察参与其中！

一般人往往希望身边人的想法、行为、价值观和自己一样，这是不正确的观念，我们不能希望别人变成自己。人格模式不同，心智模式就相异，对于事物的看法自然大有迥异，这样造成的最直接后果就是对待事情的态度和做法也各不相同，甚至是互相冲突。在这种情况下，如果双方坚持己见的话，那么矛盾就必不可少。

了解了五星人格学不仅有助于个人的成功、成长，还可以在事业上和生活上获得裨益，无论是管理企业还是人际关系的处理和沟通，或者是恋爱结婚、夫妻相处、子女教育的方方面面，只要我们了解了五星人格就可以瞬间得到答案。

锦元的《五星人格》是我迄今为止所了解到的相当具有针对性、相当切实有效的人格修炼类图书，并且他还在教会读者如何认识自我的同时提供了合理的解决问题的出路。这就是难能的可贵之处。

为什么我这么推崇五星人格？就是因为运用五星人格分析理论，可以使我们更简单、更直接的了解自己，进面改变和修炼自己的人格模式，这样你就能成为一位名副其实的人生赢家。

著名财经作家、教授、文化学者

推荐序三　从“心”找到成功之路

前几天，在因缘际会下，锦元向我推荐了他的新书——《五星人格》，真是得之有幸，立即拿来拜读。

说真的，锦元做了一件了不起的事，是他将一门神秘的、思维的艺术转变成了一门清晰的、系统的科学——五星人格。我非常喜欢这本书。五星人格就是一个很好的了解自己，理解他人的修炼工具。从这本书中，锦元通过通俗易懂的语言向大家传递出一条至关重要的真理——先认识了自己，进而去认识他人。

古语云：“知己知彼，百战百胜。”当你试图了解或说服某人时，不能只从你自己的角度考虑，而要从和你交往的对象出发。比如，你想更高效率地完成某件事的话，你就要能够洞察自我及他人，既了解别人更了解自己，这非常重要。

五星人格最大的优点就是，通过分析能准确地阐述一个人内心深处最喜欢的是什么，以及最不喜欢的是什么，毫不夸张地说就是能准确地“直达人心”。五星人格告诉我们，不同的人做事会有什么不同的习惯。因此，针对不同的人，我们应该采取不同的交际方式。

孔子说：“己欲即他欲，己所不欲勿施于人。”由于人的气质、个性等特点不同，在人际交往或营销中我们不免会遇到不同类型的客户，对于他人不喜欢的事情我就尽量不要试图把对方讨厌的事情拿出来和别人讨论，这并不是投其所好的讨好客户，而是一种职业素质修养的表现。

可以说，五星人格理论体系的应用非常广泛，不仅是企业管理，还可以推广到销售、婚恋、亲子、疗愈等诸多领域，是一门“统计科学与身心灵”的全新人格行为气质测评理论体系。只要我们通过认真的学习和探究，很快就能变成自身可靠的能力。

我觉得，任何一个想要在当前充满竞争的经济市场中脱颖而出的人，都有必要读一读《五星人格》这本书。通过对五型人格的学习，能够更好地知己知彼，不但在性格方面可以了解得更多，而且在心态方面、在个人的内心感受力方面，我们都会有很好的把握。通过五星人格就能了解到如何获得、建立并维系长期的客户关系，这也正是每一位商业从事者成功的关键所在。

敞开心门，诚实地面对自己的优点与缺点；擦亮眼睛，洞悉身边交往的内心愿景；你终将发现人格的真相。让每一份美好的愿景渗透生活和工作，这不也是一件特别美好而又特别有价值的事吗？

拿起这本书，相信大家一定会从这本书中感会到动人的美好，感到心灵改变生活的价值。

君安人寿保险股份有限公司总裁（筹）

序言 | PREFACE

认识自我，主动选择再一次“诞生”

人有两次诞生。

一次，是肉体的诞生。你从母亲的身体分娩而出，携带着来自父母的基因密码呱呱坠地。

一次，是灵魂的诞生。当你灵魂觉醒的时候，你开始真正了解自己，理解自己，进而理解身边的世界，满心欢喜地接纳自我和他人。

从肉体的诞生到灵魂的诞生，这中间要跋涉多么漫长的一段路！

我们最初来到这个世界，可以说是完全“被动”的。没有人问过我们是否愿意降临到这个世界上，无法选择出生后的性别、降临的家庭环境、国籍……在茫然无措的哭声中，我们就这么来到了这个世界。也许，等待我们的是父母温暖的怀抱，还有良好的成长环境；也许，一出生就要与饥饿、恐惧抗争，艰难而曲折地成长……

无论如何，我们都在磕磕绊绊中长大了，历经人生四季的冷暖，见识人世百态，经历的越来越多，知道的也越来越多，对自己的认识却越来越迷茫。面临人生选择左右为难，职场打拼遭遇瓶颈，情感问题不知何去何从……

迷茫的时候，我们不知道为什么今天很开心？我们也不知道为什么今天很痛苦？为什么我们跟父母之间会出现各种各样的矛盾？我们也无法知道为什么事业会出现瓶颈或者逆境？喜怒哀乐、痛苦纠结及快乐幸福到底源于何处，又将去向何方？生命对于每个人都只有一次。人一生的痛苦往往是因为对昨天有非常多的后悔和遗憾，对明天有非常多的恐惧和期待，而我们往往忘记了只有活在当下，真正了解当下的自己，才不会迷失在过去和未来。

这时候，我们可以主动选择自我的再一次诞生，通过了解自己、理解自己、悦纳自己、欣赏自己，进而发现自我的内在人格密码，也许人生问题的答案已经不言自明。这一次的诞生，完全由你自己做主，你是“主动”的，善于去探究自己内在精神世界的人，能真正拥抱纯然的自我，最大程度减少心理内耗，带着欣喜拥抱周围的人和世界。这可以说是意义更为重大的再一次“诞生”。

我们来看看这项美国科研人员进行的关于自我认知的心理学测试，名曰“伤痕实验”。

他们向参与其中的志愿者宣称，该实验旨在观察人们对身体有缺陷的陌生人作何反应，尤其是面部有伤痕的人。

每位志愿者都被安排在没有镜子的小房间里，由好莱坞的专业化妆师在其左脸做出一道血肉模糊、触目惊心的伤痕。志愿者被允许用一面小镜子照照化妆的效果后，镜子就被拿走了。

关键的是最后一步，化妆师表示需要在伤痕表面再涂一层粉末，以防止它被不小心地擦掉。实际上，化妆师用纸巾偷偷抹掉了化妆的痕迹。

对此毫不知情的志愿者们，被派往各医院的候诊室，他们的任务就是观察人们对其面部伤痕的反应。

规定的时间到了，返回的志愿者竟无一例外地叙述了相同的感受——人们对他们比以往更粗鲁无理、不友好，而且总是盯着他们的脸看。可实际上，他们的脸上与往常并无二致，什么不同也没有；他们之所以得出那样的结论，看来是错误的自我认知影响了他们的判断。

这真是一个发人深省的实验。

原来，一个人内心怎样看待自己，在外界就能感受到怎样的眼光。同时，这个实验也从一个侧面验证了一句格言："别人是以你看待自己的方式看待你。"

你怎样认识自己就怎样认识世界，这就决定了他人怎样认识你。

只有先认识了自己，再进而去认识他人，这样你才能更好地和他人交往。在这里需要注意的一点是：你不是去改变他人，而是认识他人。带着自我觉察的方式去认识他人，根据他人的性格、行为模式采用适合的交往方式，从而让自己和他人都能感受到交往的愉快。这是五星人格理论一直在致力研究、推广的内容。

面对芸芸众生，你会发现人们所关注的事情并不相同。有的人以把事情做的完美为快乐，有的人以帮助别人为快乐，有的人以事业为第一，有的人以博学为荣耀，有的人因为别人夸自己忠诚而骄傲，有的人认为天大的事也不能影响自己

“寻欢作乐”，有的人以一帮朋友跟从为乐，有的人以安安稳稳、与人融洽为乐。不同的追求目标，不同的认识价值，决定了不同的人格类型。

五星人格可以让你了解、读懂你周围的人，或者让你能够洞察别人的生命密码。但是，如果你不能了解你自己，你不能悦纳自己和欣赏自己，就不能拥有了然生命之道的智慧。就算你读懂了他人，你也只是用到了五星人格中术的部分。你也只是在用你的能力，而不是在用你的智慧。知识不等于智慧，智慧没有办法通过学习获得。智慧需要自己内在有一个很好的链接。所以，洞察别人先了解自己、洞察自己内心的变化。

当我们能够洞察别人时，痛苦又来了：不能影响他人。

我们有了孩子有了员工，总希望能够改变其他人，总希望他人按照我们的逻辑与认知来生活。有没有想过，我们对自己的生命和职业选择，又有多少人百分之百满意或者正确呢？既然你都不能保证自己百分之百的正确，那你怎么能保证一个完全被你影响，然后按照你的逻辑与认知方向去前进的人能够获取人生幸福呢？

何况这本来就是一个伪命题。你连自己都改变不了，你凭什么去改变他人？可是，在生活中很多人竟然认为自己像神一样伟大，能够改天换地，能够让星辰颠倒，能够影响他人。有时候想想我们不是移山的愚公，我们其实更像堂吉诃德，在做一件基本上不可能成功还乐此不疲的事情。痛苦就来自于我们不了解自己也不了解他人，而我们还要不停地去影响他人、改变他人，却从来不去想一想如何让自己成为自己生命的主宰。其实，我们已经被这个世界上很多东西左右了生命。比如，父母、金钱、房子、车子，甚至香烟、饮酒、欲望等。我们被太多太多的东西困在当中，无法自拔，而且在不知不觉中变成了它们的奴隶。因此，我们不能做自己生命的主人。所以，如果我们不能觉悟就无法挣脱自我设置的牢笼。

了解自己、理解自己、悦纳自己和欣赏自己，我们才能拥抱真实的自我。然后，我们了解他人、理解他人、悦纳他人、欣赏他人。进而，了解差异、理解差异、悦纳差异、欣赏差异。

当我们真的能对自己和他人拥有这样一份爱的时候，生命会变得更加精彩。

我曾经看到这样一句话："人啊，认识你自己。"这句话让我的心灵深受震撼。它是铭刻在希腊圣城德尔斐神殿上的一句著名箴言。德尔斐神殿是传说中太阳神阿波罗的驻地，但是这句话却比太阳神阿波罗更有名气。仔细诵读这句话，我常常有一种受其感召的冲动。这句话曾经照亮古希腊思想家、哲学家苏格拉底的内心世界。在两千五百年后的今天，同样照亮了我的内心。我开始追问：“我是谁？我来自哪里？我认识我自己吗？我为什么会是现在这个样子？我想要的事业是什么？我来到这个世界的目的是什么？期许是什么？”

从古到今，无数哲学家、心理学家、科学家从不同角度对“人”从肉体到精神进行发掘，研究结果汗牛充栋、数不胜数。显然大多数人是无法穷尽精力去研究，从而获得适合自己的认识方法。那么，是否有更为科学、明晰、高效的方法来认识自己和他人呢？带着对这些问题的思考，我开始了五星人格系统发现与研究的漫漫历程。

十多年来，我一直潜心研究国内外关于人格心理学与行为分析的成熟理论，结合自己近五万人次的解读评测实践，在十多万份人格数据分析的基础上，整合中国传统文化“金、木、水、火、土”作为五星标注符号，发展出一套符合我们中国人特性、便于中国人理解和应用的实用人格分析系统——五星人格，这是我这辈子最为自豪和富有成就感的事情。因为“五星人格”的诞生，不仅改变了我的生活使我受益良多，而且还改变了很多人的命运。它不仅让我找到了人生的意义与方向，也帮助很多人找寻到了卓越的自我，并使其走进了人生新的天地。有时候，幸福、成功就是如此简单。愿五星人格和你一路相伴，帮助你成为最好的自己！

Chapter 1

第一章

了解五星人格，拥抱全然的自我

我们每个人都是独一无二的个体。五星人格理论所描述的人格类型并没有好坏之别，只不过不同类型的人回应世界的方式具有可被辨识的根本差异。虽然目前全世界已经有六十亿人口，但是我们每个人还是独一无二的个体，人们的人格类型是可被辨识的，然而我们的人格记忆、梦、抱负以及我们处理问题的方式却是自己的。

一、为何相爱容易相处难

在生活中，我们常常会听到这样的话语：

他们分手的原因就是性格不合；

成天吵吵闹闹，两个人根本就不是一路人；

她终于找到了一个适合自己的男人，嫁出去了，一定会生活得很幸福的；

两个人婚前那么恩爱，婚后怎么闹腾成这样了；

两个人整天因为教育孩子的问题争执不休，就不怕吓着孩子吗？

……

诸如此类的话语背后，暗藏着什么样的玄机呢？很多人看惯了生活中的种种悲欢离合，心中往往会萦绕着这样一个问题：为何相爱容易相处难呢？此时，大家往往会将原因归结为性格不合、没感情了等等。其实，这只是一种不够准确的说法，真正的原因绝不是简单几个字就可以解释清楚的。

相爱容易相处难，最主要的原因是双方当事人的人格模式不合。人格模式不同的人，如果不能做到理解、悦纳、欣赏，那么两人之间爆发争执、冲突的可能性就会大大增加。

五星人格

因为人格模式的不同，心智模式就相异，对于事物的看法自然大有迥异，这样造成的最直接的后果就是对待事情的态度和做法也各不相同，甚至是互相冲突。在这种情况下，如果双方各持己见的话，那么矛盾就必不可少了。

我有一位忘年交老郑，比我大十几岁。他们夫妻俩都是国企职工，由于夫妻俩都喜欢文学艺术，所以在书法、写作、绘画方面颇有造诣。在这种浓厚的艺术环境的熏陶下，他们的儿子郑翔也被培养成了一个彬彬有礼的人，其最显著的特点是内向。

郑翔26岁那年，朋友托熟人做媒，给郑翔找了个女朋友，由于郑翔家境不错，准公婆又是有文化的人，加之郑翔长得很帅气，女朋友春娟很爽快地答应了这门亲事。他们从相识到结婚，不到三个月的时间。很多人以为，他们在恋爱期间是那么甜蜜幸福，婚后一定会更加恩爱的。

但是，婚后不久，双方就开始了争吵、冷战。本以为过了磨合期，有了孩子以后，双方就会有所收敛。谁知有了孩子后，双方的争吵骤然升级，有时候甚至到了起草离婚协议的地步。因为双方互不认可对方的教育理念，所以常常争吵不休。日子在磕磕绊绊中走过了九年，他们有了两个小孩，大女儿乐乐，小儿子文文。

当时为了避免离婚，双方协议每人负责教育一个孩子，春娟负责教育大女儿乐乐，郑翔负责教育小儿子文文，双方互不干涉。于是，八岁的乐乐和六岁的文文形成了截然不同的性格。

乐乐的性格和妈妈非常相似，是个活泼好动、性格开朗、主意多且非常主动的孩子。但在上课时，她有时会未举手便抢答各种问题，有时则向同学扮鬼脸，引同学发笑，扰乱课堂秩序。有一次，当老师在黑板上抄写测验答案时，同学们突然大叫起来，原来乐乐脱了鞋子，并把它扔到空中。

文文的性格和爸爸很相似，天性比较害羞，不喜欢出风头但合群，很少单独玩，经常要有伙伴才行。有一天上午，父母带着文文到医院检查身体，中午才回校上课。当时，因为午饭时间已过了大半，所以大部分同学已经吃过午餐。于是，老师便安排他到另一个房间与其他老师一同吃饭。但是，他突然变得很抗拒，说要到别处吃饭，并显出十分不安的样子，甚至说不用吃饭，只要回到教室就可以了。

由于春娟看不惯文文的性格，而郑翔也看不惯乐乐的性格，终于有一天，双方爆发了激烈的争吵，都要剥夺对方的教育权。由于各不相让，双方决定离婚。这下可把老郑吓坏了，由于他无法调和儿子与媳妇的矛盾，就请我来帮忙调解纠纷。

五星人格

这个故事极具代表性和典型性，我们能够从故事中得到很多启发。比如郑翔和春娟夫妻俩因为人格模式不同，所以做事理念也不相同，因此爆发了各种争吵。我们可以看出，乐乐的人格模式随春娟，活泼开朗；文文的人格模式随郑翔，文静合群。这也充分说明了，父母的人格模式会在无形的生活中影响孩子，使孩子形成与自己相似的人格模式。

我在调解这起纠纷时，并没有给郑翔和春娟讲解长篇大论，而是给他们分析了各自的人格特点，让他们意识到彼此人格模式的不同之处，以及和平共处的方式方法。最后，我直截了当地对他们说："你们之间的争吵、争执，并非因为双方不想爱了，只是因为人格不同造成的。当初你们互相吸引走在一起，是因为欣赏彼此的长处。一旦互相拥有，也就默默地将彼此的长处收入囊中，开始看到对方的短处，忽视长处。于是，不断地指责、争吵。只有相互理解、接纳、欣赏，去发现对方人格模式的优势和长处，包容对方的不足，才会收获一个其乐融融的家庭。

双方听了我的话，都沉默了很久，最后一致同意不再提离婚的事情。从那天以后，我几乎成了他们的婚姻咨询师。不过，令我欣慰的是，他们如今的婚姻关系非常稳定，家庭和睦，在他们的教育和影响下，孩子的人格也开始朝着复合型人格方向转变。

此外，我们往往会由婚姻联想到职场。很多职场人士都会有各种各样的困惑，比如，管理者困惑的是为什么员工总是不好管，管理到底是管人还是管心；而普通员工困惑的是为什么领导总是不喜欢自己，自己为什么总是不受其他同事待见等，如此种种，不一而足。其实，职场和家庭是一样的，很多问题都源于当事人对人格模式的不了解，最终造成了各种误解、困惑。如何判断对方的人格模式，不同人格模式的人际关系如何相处，当你把这本书看完，一定能对此有深入的了解，并愿意在生活中检验、实践。

二、你来自哪颗星星——了解五星人格模式

1. 五星人格总论

人格是个体由遗传和环境所决定的、实际的和潜在的行为模式的总和。也就是说，你日常的一言一行，甚至自己并没觉察到的潜意识，都源于人格因素。人格既是父母所赋予的遗传因素，也是后天生长、生活环境所造就的。

每种类型的人都有自己的特点，有自己的优势和劣势。而一个人的成功，无非是充分地利用了自己的优势，改变或避开

了自己的劣势。

当清楚地认识到自己和他人不同的人格模式之后，你就会清楚地认识到，人们在面对同样的问题时为什么会有不同的选择。

“为什么他不可以像我这样?”

“我能做到，为什么他就做不到?”

“他为什么总不明白我的意思?”

每个人有其自身不同的人格模式，因此借鉴西方人格心理学的理论，结合自己近五万人次的解读评测实践，在十多万份系统的人格数据分析的基础上，整合中国传统文化“金、木、水、火、土”作为五星标注符号，发展出一套符合我们中国人的特性、便于中国人理解和应用的实用人格分析系统——五星人格。

五星人格不是将人分成五种类型，而是分别代表四种典型的和一种综合的人格模式。它们单独或组合成的人格模式，基本上可以涵盖所有的行为特征。五星人格测评中出现两个人行为模式完全相同的概率是亿万分之一。

五星人格分析系统可以用更加直观的坐标系来表示。这4个坐标系分别代表“金星、木星、水星、火星”的性格区域，每个人在这个坐标系中均能够找到自己的性格特点，这几个点连线以后形成的形状就代表着你的人格模式特征。这是一个四边形。所有人都是一个由“金星、火星、水星和木星”性格模式组成的四边形，由于每个人不同的性格特征有强弱之分，所以四边形形状各不相同。

五星人格特质图示

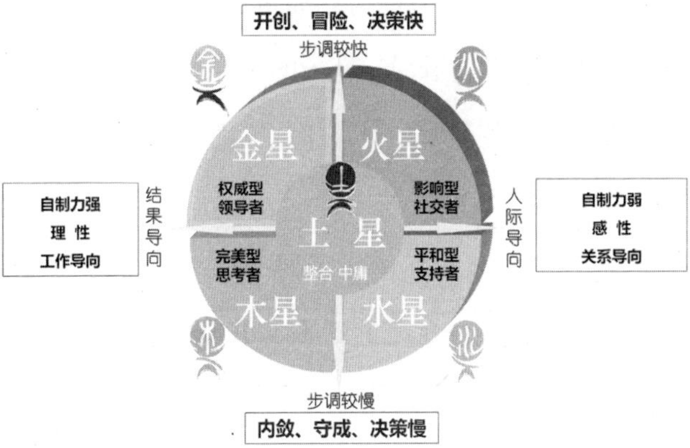

对照上图，你可以大致了解五星人格的组合模式。

每个人在人格模式上的强弱程度有所不同，比如即使同是金星人格模式的两个人也有程度的强弱之别，这两个人在一起会变成烈马和驯马师之间的较量。同样，对于其他的人格模式者，也几乎没有完全相同的人格模式。

每个人的人格模式相对是稳定的，短期内变化不大，但从长期来看，人的人格模式会因为环境和心境改变而缓慢地发生变化。

所以，个体人格类同但绝不雷同，自我人格相对稳定但从不恒定。

五星人格理论体系应用广泛，不仅是企业管理，还可以推广到销售、婚恋、亲子、疗愈等诸多领域，是一门“统和科学与身心灵”的全新人格行为气质测评理论体系，在讲授个人、企业管理、销售、婚姻、亲子的实际分析与应用过程中学员反响强烈，被众多有识之士誉为是国内未来最具发展前景的人格与行为气质测评体系。

曾经有听过我讲课的学员这么跟我说：“徐老师，听完你的课，我知道我母亲有金星的特质，我和她的争执就会少很多；知道我父亲是火星的特质，就会把一些好看的电视剧介绍给他；知道我姐姐是水星的特质，我就不会要求她做决定。我理解了他们的行为，并且接受他们的缺点。因为他们和自己一样有优点也有缺点。真诚地看到家人、朋友的优点，减少不必要的争端，更重要的是我并没有要求他们为我改变，很多事情水到渠成，一家人快乐和谐。”

是的，学习五星人格的过程，就是一个了解差异、理解差异、接纳差异、欣赏差异的过程。五星人格会告诉你，无论哪种人格类型都无好坏优劣之别和高低之分。存在即合理，不管你是什么人格，都不会影响你的事业成功。

不过，人人皆可以变得更完美。五星人格还可以帮助你如何成为更好的自己，如何才能更加智慧地生活。因为，外在行为受内在人格模式影响，人格的改变必将带来新的行为模式，而在最合适的人格模式影响下，会让我们离幸福更近。

五星人格不是只测量今天之前的你，我更关注每个人未来的“命运”，通过大量的数据分析，发现大多数人都希望成为卓越土星人。这就为我们未来的人格成长指出了一个明确的方向，使我们有了一个可以自主选择人生的可能性，做自己生命的主人而非“奴隶”。

五星人格中的每一种人对这个世界的看法都是不一样的。但是，在通常情况下，我们并不知道别人的看法，我们只是根据自己的看法来判断人的思想。五星人格所强调的，就是要走出自己的固有观念，去感受自己和他人的思想，并设身处地地改变自己和了解他人。当你能够透过其他性格类型人的眼睛来看待这个世界时，你立刻就会发现，没有哪一种性格是完美无缺的。不仅你本身对于其他性格的人是存在偏见的，不同性格的人因为自身观念的不同，也会有着这样那样的局限性。

这种方法的奇妙之处就在于你要抛开自身，挖掘深层次的自我，去弄清楚那些对你的生活产生影响的性格模式。但是在这里，我们理解自我的目的，是从内心去学习和观察这些性格模式，最终把这些性格模式放到一边。我们所说的“放到一边”，可不是仅仅把问题解决，把痛苦消除，而是去深入探寻一个包含了多层意识的完整体系，把注意力从自己的思想和感觉中转移出来，让潜在的知觉自然显现。

2. 金星人格：目标明确，用行动实现梦想

你认识自己吗？我们每天都跟自己朝夕相处，我们每天都照镜子，对自己的身体特征再熟悉不过了，可当面对“你认识自己吗”时，我相信大多数人都是没什么概念的。

“金”是人类较早发现和利用的金属，从物理属性来看，其性质稳定，即使在烈火中燃烧也不会改变。从社会属性上看，黄金是“财富”的象征，在经济领域多用作保值、增值，自古以来被视为五金之首，地位显赫。所以，“金”是金钱、地位、权力的象征。

金星人格模式，自然也和“金”的属性有很多相似之处。我们通过五星人格测评系统对十多万人进行测评时，发现有11.7%的人具有金星人格模式。这类人最大的特点就是有着明确的目标，他们做事从来都是以目标、任务为导向。无论遇到什么挫折，他们都不会轻易改变自己，仍然能够在逆境中保持

自己勇往直前的本性，而且不达目的誓不罢休。

具有金星人格模式的人（以下简称“金星人”）是以目标为导向的积极行动派，他们有着明确的目标、坚定的信心、天生的领导力、高度的自信等优势，这些优势确保他们可以在任何艰难的困境中涅槃重生，笑傲群雄。纵观金星人的人生使命，就是拼搏奋进的使命，就是用行动实现梦想的使命。

由于以目标为导向，所以金星人说话直接，做事干脆果断。要的就是结果满意，目标完成。他们是天生的领导者，敢于、善于站出来承担领导者、指挥者的角色，能在复杂的环境中迅速找到解决问题的方法。

金星人自信、独立性强，喜欢“单打独斗”，从来不怀疑自己的能力，不喜欢也不愿意依赖别人。他们典型的特征就是外向、乐观、执行力强。如果你发现你的朋友有“肯定是”、“我告诉你”等诸如此类的口头禅时，那么他十有八九是金星人。

此外，随着人生阅历的增长，金星人对于自身情绪的掌控力越来越强，有意识地为自己“提纯”，即努力完善自我、提升自我。

传奇女性董明珠，36 岁才南下打工，在 15 年间，从最底层的业务员一直做到格力电器有限公司总经理，还被美国

《财富》杂志评为2004年全球商界女性50强。她曾说："我很霸道，不太容易被别人改变，但对工作很执着。"她也承认在20年独特的"斗争哲学"中没有丝毫妥协，因为她发现并不存在一种既能把工作做好又不苛刻和咄咄逼人的管理方法。她曾经表示："我从来没有失过手！我从不认错，我永远都是对的。"我们都知道人无完人，一个如此高调敢于说自己至今没有失误的人，这得有多自信、多强大！我们从她的话语中"从来没有""永远"也感受到她内心的肯定、坚定、果断。

这就是典型的金星人，目标性强，工作狂，掌控全局的欲望十分强烈。董明珠将自己的主人格模式"金"的优势发挥得淋漓尽致。强大并不是男人的专利，有温柔的男人，也有霸道的女人，这不是男女差异而是性格差异。

哪种人跌倒了爬起来最快呢？绝对是金星人。他们和所有人一样可能遭遇失败、挫折，但他们不屈不挠，越挫越勇，永远都不会服输，没时间为自己的不幸抱怨，也没功夫诉苦。

富有传奇色彩的企业家史玉柱，1994年投资保健品，第一个产品是保健品"脑黄金"，广告铺天盖地。因为巨人大厦的激进策略，导致资金链断裂而几乎破产，欠债2.5亿人民币。当巨人大厦倒塌，讨债人蜂拥而至之时，史玉柱庄重承诺："欠老百姓的钱一定要还。"也正是出于这种"还债"的动力，史玉柱终于东山再起，且赚钱后的第一件事情就是还债。1995 年，史玉柱被《福布斯》列为内地富豪第 8 位。1997 年在江苏等地推出保健品“脑白金”，大获成功并迅速推广至全国。2009 年 3 月 12 日，福布斯全球富豪排行榜，史玉柱以 15 亿美元居 468 位，在大陆居 14 位。如今，史玉柱回归巨龙网游，不断拓展事业领域。

曾有企业家这样说：“如果现在把我归零，我仍然可以再来一次。”然而，史玉柱则是在资产为负数甚至负得还很多的时候站起来的。他经历了“大起——大落——又大起”这样一个完整的过程，创造了一个中国乃至全球经济史上的传奇故事。这就是金星人永不认输的精神象征。

金星人的盲点

前面我们已经说过，没有一种人格模式是完美无瑕的所以，金星人格模式虽然有很多优点，但也有不少盲点。

比如：

1. 很少认错：男士“错不了”，女士“死不认错”；

2. 争论的目标是为了找错；

3. 以事业为主，工作狂（英年早逝者多）；

4. 为实现目标，给自己和他人压力；

5. 控制欲太强，有专横倾向；

6. 往往为了达成目标而忽略他人感受。

所以，为目标而活的金星人，在实现目标的过程中要学会控制自己的情绪，尤其是在容易动怒的时候慎下决策。同时，学会赞美人，发现他人的优点。对于他人而言，通过激励得来的动力远远超过指责。同时经常换位思考，这样才能凝聚更多的力量，成就更高的目标。

金星性格

（权威型领导者）

优　点	缺　点
直截了当，独立性好	趾高气昂，藐视权威
目标导向，行动迅速	脾气暴戾，容易发怒
竞争力强，越挫越勇	追求权利，控制欲强
最佳领袖，善于应变	自我中心，目中无人

金星人格者给你以下帮助：

◆当你迷茫时，他有决断力，目标明确，助你快刀斩乱麻。

◆当事情失去控制时，他有坚定的控制力，助你把握事情的方向。

◆当你对前景充满疑虑时，他有非凡的胆量，助你把握每一个机会。

◆当你面对嘲笑和批评时，他会满怀信心地坚守立场，助你不会迷失自我。

◆当你面对困难时，他必定愈挫愈勇，助你一同获取最后的胜利。

3. 木星人格：追求完美，用思维改变世界

如何正确认识自我呢？需要通过自我认识、自我接受、自我肯定、自我呈现，从而达到自我实现的目的。我们首先要自我认识，认识自己的优点与盲点，接受不完美但完整的自己，自我接受中最难接受的是自己不完美的一面。只有自我接受了，才能自我肯定。只有自我肯定的人才能自信，才有能力面对自己的弱点。大部分的人都不能面对自己的弱点。

前通用电气 CEO，被誉为“全球第一 CEO”的杰克·韦尔奇，他退休后在哈佛做演讲。在演讲中，他说道：“我虽然给你们讲课口吃，但我依然自信。”是的，他从小就口吃，但这并没有影响他的成功。他能够接受自己，保持本心，才会自信，才会获得成功。

那些在地下埋藏了上亿年的硅化木或乌木，都依然保持着原有的形态。这是木固态的特性，也使“木”可以一直保持一个固定的状态，缺乏延展性的它很难被外界改变。“木”特别遵守规则。如树木都会遵守一年一个年轮的规则。我们可以根据年轮轻易计算出一棵树木的生长期。

具有木星人格模式的人（以下简称“木星人”）具有“木”的属性。当你看到一个人特别遵守规则，对人对事都有自己的一套准则，坚定地按照自己的价值观，在自己熟悉的领域内发展，难以被轻易地说服和改变，除非对方能拿出靠谱、有说服力的数据和证据来，那一定是遇到木星人了！他们是追求完美、精益求精的思想大师，他们深邃的思想、严谨的思维、敏锐的分析能力、专注执着的做事态度，让他们足以成为思想和行动的巨人。如果你发现木星人一直致力于用思维改变世界，那么请不要惊讶，因为这是他们的使命，也是他们完全可以做到的。五星人格测评系统对十多万人进行测评，结果发现大约有 19.2% 的人具有木星人格模式。

木星人是完美主义者，古希腊哲学家亚里士多德曾经说过：“所有的天才都有追求完美的特点。”事实确实如此，木星人是出现天才概率最高的群体，世界上的大艺术家、大发明家中有很多都是木星人。其中德国的物理学家、“相对论”的奠基者、20 世纪最重要的物理学家之一——阿尔伯特·爱因斯坦就是最典型的代表。

爱因斯坦 12 岁就开始自学欧几里德几何，同时也开始怀疑欧几里德——这位伟大的古希腊数学家的假定。13 岁开始读德国哲学家康德的著作。到了 16 岁，爱因斯坦开始思考当一个人以光速运动时会看到什么现象。从爱因斯坦青少年时期的思想经历中，我们可以看到他是一个善于思考、质疑的天才。正是如此对宇宙原理终生不懈地思考与探索，爱因斯坦创立了狭义相对论和广义相对论，并提出了质能转换公式和四维时空观，为世界特学作出了巨大的贡献。

追求完美的木星人，他们总是希望达到最好、最完美的状态。木星人心中常常会出现这样一个问题："自己还能不能做得更好？自己为什么不能再提升一点？"比如说，考试成绩揭晓后，在其他人都在高呼"60 分万岁"的时候，木星人虽然取得了 98 分的好成绩，但木星人还是会问自己："为什么没有拿 100 分？那两分如何做才能不丢失？"接下来，他们会对没有拿满分的原因进行认真地分析与反思。对于完美型的木星人来说，很难有满意、满足的时候，他们永远觉得还可以做得更好。

完美主义的木星人一直践行着"细节决定成败"的座右铭。木星人关注每个细节，同样对每个细节都有一套标准，因此木星人对任何事情的态度都是严谨认真的、一丝不苟的，他们绝不允许出现任何差错。这种追求完美的态度，促使他们能够坚持不懈、善始善终，直至把事情做到完美为止。

阿林从小就喜欢一个人在安静的环境里思考问题，他总是能将各种玩具排列整齐、分类清楚。同时阿林总有十万个为什么，喜欢对一个问题追根究底，不打破砂锅问到底决不罢休。由于他的问题总是有些难度和深度，常常让自己的父母、老师都回答不出来。长大后进入职场，又提出了很多让同事和领导都难以回答的问题。但他同时也是领导最放心的助手，交代给他的事，他一定能滴水不漏地完成。即使没有做成，他也会有一份详细的报告摆在案头。

阿林结婚后，依然保持着多年来的生活习惯和性情。在家里，对东西的摆放也是一如既往地要求，比如什么东西必须摆放在哪儿，方向需要朝哪里等等。阿林对配偶的要求也很高，十分关注细节。如果你想对阿林撒谎，那真的是撞上枪口了。阿林会运用自己严谨的推理，从一个个细节开始分析，抽丝剥茧地揭开你的谎言，让你无地自容羞愧难当，以后再也不敢在他面前撒谎了。

木星人的盲点

木星人虽然处处追求完美，然而世界上并没有完美的事物，木星人也有自己的不完美之处：

1. 将时间过多地消耗在思考细节上，缺少全局性。

2. 做决定左右为难，迟迟难下决断。

3. 站在自己的角度猜疑和挑剔，容易悲观抱怨。

所以，木星人要清楚地认识到一点：人无完人，没有人是完美无瑕的，要允许人不完美一面的存在。请放下心中的高标准，把对人、对事的标准降低一些，少些挑剔，多发现一些美好的事物，这样放过了别人，更是放过了自己。

同时，木星人提升了自己的沟通能力后，就可以很好地与周围人交流，准确、全面地表达自己心中的想法，这样不仅可以避免很多不必要的误解，还能得到更多人的支持和鼓励。

木星性格

（完美型思考者）

优　　点	缺　　点
思想深邃，善于分析	杞人忧天，庸人自扰
严肃得体，尽忠职守	墨守成规，行动迟缓
敏感细腻，追求完美	情感脆弱，消极悲观
善始善终，忠诚不渝	原则性强，不易妥协

木星人格者会给你以下帮助：

◆当你陷入迷局理不清头绪时，他有缜密的思维，助你看清来龙去脉。

五星人格

◆当你出现漏洞时，他有敏锐的目光，助你亡羊补牢。

◆当你的工作进入收尾阶段时，他会不懈追求完美，助你画上圆满的句号。

◆当你面对艺术品流连忘返时，他具有独特的艺术品位，助你洞悉艺术之美。

◆当你需要一个坚定的支持者或伴侣时，只要他认定你，就能紧紧跟随，不离不弃。

4. 水星人格：内省低调，用耐心稳定团队

通常情况下，我们都是通过表象来判断一个人。现在，我们要像剥洋葱一样一层一层剥开自己，正视自己，寻找本真的自我；我们开始对人感兴趣，愿意去深层次地认识、了解他人。五星人格就是认识自己、了解他人的工具。它是根据一个人行为的最初动机来判断他的性格，这最初动机包括基本欲望和基本恐惧。一个人有什么样的价值观就会有什么样的动机，有什么样的欲望就会有什么样的恐惧。所以，掌握一个人行为的动机是很重要的，它是我们决策的依据。

我们都知道水的可塑性非常高，它无色无味无形。你将水装在什么样的器皿里，水就能变成什么样的形状。加入什么样的味道，它就变成什么样的味道。而且纯水还可以调成任意的颜色。

鉴于水的这些特征，具有水星人格模式的人（以下简称“水星人”），自然也和这些特征紧密相连。水星人常常随遇而安，环境需要他们成为什么样的人，他们就能够调适自己，让自己变成适合在大环境中生存的那样的人。水星人不是一个会主动打开心扉广交天下朋友的群体，但人们都很乐于与包容的、随和的水星人成为朋友。因为在交往中大家都会发现，水星人亲切友善，是非常好的倾听者，他们富有耐心与爱心，总是毫无怨言地听朋友倾吐心中的“垃圾”。所以，水星人很容易获得别人的友谊，人们都喜欢与水星人推心置腹。水星人平和地对待世界，用耐心稳定世界，表现出令人敬佩的镇定和知足常乐。五星人格测评系统测评发现，有 28.6% 的人具有水星人格模式。

水星人是和平主义者，他们内心平和，不喜欢在人际交往中与人发生冲突。为了避免冲突，他们经常会通过换位思考来体会别人的感受，然后通过调整自己来避免一些不必要的冲突。所以，水星人的口头禅常常是“随便”“都行”。

“水”有三态，固态（遇冷达到零度以下）、液态（常态）和气态（沸腾）。水星人也和水的这种形态转换特征极为相似。大多数时候水星人像处于常态的“水”一样平静随和，他们考虑别人的感受，不轻易表达自己的情感。即使面对委屈、挫折，他们一般也选择内化这些情绪，默默地承受一切。他们常常为别人考虑得多，特别是为家庭，为自己考虑得少，他们永远是那么善解人意。比如说，当突然发生了某种变故时，水星人总会第一时间将责任归咎在自己身上，他们常常内省是不是自己做错了什么。水星人追求的人生准则常常就是“和谐”两字，为了“和谐”水星人甘愿牺牲自己。

当内心再也无法承载这些情绪或者自己的底线被人突破时，水星人会立马变成一块“冰”，他们不会与你大吵大闹，他们最擅长的是冷战。

当水星人遇到一群热情活泼的人时，他们同样容易受气氛的感染，在他人的鼓舞和带动下，会瞬间变成“蒸汽”状态，兴奋活跃起来，成为人来疯。但当人群散去、回到家中时，水星人又将恢复到常态下的“水”，重新变为平静随和的人。然而，当水星人的情绪积压到一定程度时，他们就会找到一个事情的突破口歇斯底里地爆发，这是另一种沸腾状态。情绪爆发完后，水星人又会开始陷入深深的自责和后悔中。

我有一个朋友是理财师，他最近碰上了一个非常难缠的客户。这位客户手上资产颇丰，但就是不愿意理财。不管朋友怎么解释，这位客户就是不动心。后来，朋友请我出个主意。我对这位客户的生活习惯、爱好、性格等进行了分析，发现这位客户的主人格模式是水星。根据水星人的特点，他们非常喜欢安稳的生活，不愿意冒太多的风险，在购买理财产品前一定要对产品进行深入的了解与分析。

水星人善解人意、以柔克刚、泰然自若的同时有非常执着的人格特点，注定了他们买理财产品讲究的是细水长流，赚个安全的钱，所以他们选择长期小额固定收益的投资产品比较多。水星人其实在购买理财产品前都会对产品进行深入地了解与分析，他们有着精准的判断力，对自己的理财规划，也有非常清晰明了的思路。但是天生缺乏安全感的水星人，会抵触任何有风险的理财产品，他们宁愿把钱放在银行存着，吃点小利息，也甘愿通货膨胀的速度超过利息增长的速度。这样做的原因就是，再大的风险来临，自己也能扛得住，而且可以天天睡踏实觉，因为既不担心欠钱也不担心赔本。所以，高回报的收入是诱惑不了他们的，他们十分清楚高回报的背后就是高风险。

最后我告诉朋友，要想拿下这位客户，不能总是强调高收益、高回报，而是要多强调本金安全，只有这样才能打动他们。最终，朋友改变了销售话术，拿下了这位客户。

这位客户缺乏安全感、追求安稳，这是水星人的一大特征。水星人喜欢平静如水、稳定的生活，不喜欢过多变化、大起大落的生活。所以，不喜欢做有风险或风险过大的事情。作为营销人员，短时间内不易改变客户的人格，就应该了解并顺应客户的人格模式采取相应的营销方式。

水星人的盲点：

1. 难以适应突然变化的环境，缺少安全感，焦虑不安。
2. 缺少强烈的目标感和紧迫感，容易犯“拖延症”。
3. 做事不喜欢制定目标，常常随遇而安，效果不尽人意。
4. 面对重大决策或复杂的冲突，容易纠结、失措。
5. 不知道怎么拒绝别人，摊到一堆事，让自己很累。

因此，当环境、政策、人事变动时，要尽量提前跟水星人打预防针。而水星人想使自己过得更快乐，可以勇敢地表达自己内心的真实感受，进行有效的沟通，不要过度压抑自己的感觉。冲突、矛盾与争吵不一定都是负面的。如果只是一味地让步与忍让，那么问题只会永远累积在那里，无法得到解决。有时候适时、直接的沟通表达能让问题来得更简单。

生活中唯一不变的就是一切在变，水星人时刻要有迎接变化的心理准备。多出去走走，多接触外面的世界，读万卷书行万里路，可以让自己的心胸更宽广，人格模式更多元化。勇敢地跨出第一步，你会发现，行动是解决内心恐惧的最好方法。

水星性格
（平和型支持者）

优　点	缺　点
知足常乐，稳定低调	缺乏创新，拒绝改变
心平气和，心态轻松	行动迟缓，拖延马虎
避免冲突，注重双赢	缺乏目标，害怕冒险
善于倾听，人际和谐	安于现状，不思进取

水星人格者会给你以下帮助：

◆ 当你受到伤害而痛苦时，他有善于聆听的胸怀，助你倾诉排解内心的苦闷。

◆ 当你需要完成一项艰巨的任务时，他有坚韧的耐心，与你一同坚持到底。

◆ 当你面对复杂的人事关系时，他有平和的心态，助你避免冲突，营造和谐。

◆ 当你情绪一时冲动爆发时，他有安定的言行，助你迅速冷静下来。

◆ 当你获得成功而喜悦满怀时，他能默默欣赏，为你送上掌声。

5. 火星人格：乐观开朗，用热情带动伙伴

每个人都有三方面的能力：思维能力、情感能力、行动能

力。这三方面的能力都容易形成习惯，一旦形成习惯，我们容易熟视无睹而忘记它的存在，在思考问题、解决问题时容易跳入旧的模式里，从而容易自我设限。五星人格让我们对自己、他人重新开启好奇心，而且还能更好地了解自己。

我们一看到“火”，就会感受到的是“热”“光”“温暖”“明亮”。同理，具有火星人格模式的人（以下简称“火星人”）也具备“火”的这些特性。火星人像火一样，充满热情、外向乐观、活力四射、擅长社交、才思敏捷，喜欢过诗意盎然的生活。天马行空的思维让他们极具创新意识，在火星人看来，他们活着就是为了靠自己的创意改变世界、影响世界、推动世界向前发展。我通过五星人格测评系统对十多万人进行测评时，发现有 39.1% 的人具有火星人格模式。

如果说金星人是靠“魄力”赢得人心，那么火星人就是靠“魅力”赢得人心。火星人，总是能够用自己的热情感染身边人，总是能够营造轻松欢快的气氛给大家带来很多欢乐。火星人是典型的影响型的社交者，有令人叹为观止的社交能力和表达能力，所以火星人的朋友很多，遍布五湖四海。有火星人的地方，总是热闹非凡。没有火星人的地方，环境马上会安静许多，有些人心里就开始想念可爱的火星人了。所以，火星人是大家心中的开心果。

火星人的目标性不强，他们从事一切活动都是以人际交往为导向，因为他们喜欢社交、善于社交。他们在社交活动中不仅能传播自己身上的快乐因子，也能找到自己需要的快乐。对于整日压力山大、感觉生活无趣、枯燥的我们来说，这种寻找快乐的能力是我们非常需要的。

擅长社交的火星人表达沟通能力非常好，一是火星人本身喜欢主动地去表达和沟通，二是火星人擅长抓住各种场合与机会锻炼自己的口才。所以无论什么场合，我们总能听到火星人的高谈阔论。他们喜欢站在舞台中间，成为万众瞩目的焦点的那种感觉。这和火星人的表演欲、表现欲极强有很大的关系。

身为微软 CEO 的鲍尔默，在公司员工年会上常常有让人印象深刻的表现。他在台上随着激昂的音乐又蹦又跳，手舞足蹈，动作十分夸张。当音乐停下来的时候，他累得直喘气，却高举双手，对着麦克风竭尽全力地喊：“I LOVE THIS COMPANY！（我爱这家公司！）”台下几万名微软员工一下子跟着亢奋起来，跟着鲍尔默举起手有节奏地喊起来。怪不得每一个从微软出来的人都会对他的煽动性表示刻骨铭心的钦佩，说：“盖茨说是微软的精神领袖，鲍尔默却是微软的发动机。”

火星人比较喜欢时尚、亮丽、鲜艳的色彩和物品，他们在出门时往往显得比较“磨蹭”，因为他们习惯照镜子，左照右照，想确认自己的头发是否整齐、衣服颜色搭配得是否得当，这种状况在火星女身上表现得更为突出。

对于火星人来说，进入一种新环境往往是他们最兴奋的时刻，他们完全没有在新环境中该有的拘谨、紧张感，反而会对周围的一切感到无比好奇。一旦进入新的环境，他们便会主动结识周围的人，并擅长通过各种话题与周围的人建立联系。由于他们能说会道、擅长社交，所以不出几天就和周围的人熟悉起来。

开朗乐观、喜欢轻松、欢快氛围的火星人，往往不喜欢被约束，更受不了约束。我有一个火星人朋友，单纯善良，自己的心情常常挂在脸上，口头禅是“太好了！”“我太高兴了！”“气死人了！”等诸如此类。他刚换了一个特别追求完美的木星人领导，严抓规章制度。这个朋友感觉特别困惑，做事总不能让领导满意，经常挨领导批评。刚开始，他有错就认，会大大方方地承认自己的错误，绝不会扭扭捏捏不承认，事实上他最讨厌扭扭捏捏不承认错误的人。可是，他渐渐发现工作单位派系过多，钩心斗角严重，总想不通为何如此简单的事情总是被搞得那么复杂。他觉得压抑，想尽快逃离，产生辞职的念头。在分析了他和领导之间性格的不同点后，我建议他全盘理解了领导的意图后再提出有效可行的计划，然后再行动。不要花太多的时间在闲聊上，对自己真正要解决的事情却言语不多，从而导致办事缺乏效率。

火星人的盲点：

有火星人的地方，就充满快乐。然而，火星人遇到的麻烦也不少：

1. 缺少缜密的计划和目标，思维跳跃，不受约束。

2. 做事随心所欲，常见漏洞。

3. 热情过度，“吓跑”胆小的人。

4. 充满感性，凭直觉与人交往处事。

5. 痴迷表达，说话缺少深思熟虑，欠缺逻辑性。

6. 做事不够专注，三分钟热情，虎头蛇尾。

因此，火星人要学会把握自己热情的度，说话要点到为止。否则，别人会认为你有某种企图而防范、疏远你。同时，也可以发挥自己善于交际的优势，找其他性格模式的朋友取长补短。比如，可以找金星人做搭档，可以制定有效的目标；找木星人做搭档，可以让你将计划进行到底……

其次，火星人是非常感性的，所以一定要记住不要过度使用直觉以免庸人自扰。多了解实际状况，包括文化、价值、习性等，这些都可以帮助自己避免冲动和胡乱猜疑。另外，火星人也要善用自我解嘲的能力，这样可以缓解自己的压力，让自己的情绪比较平稳些。

火星性格
（影响型社交者）

优　点	缺　点
乐观积极，追求快乐	炫耀自己，夺人话题
交友广泛，好奇心强	粗枝大叶，杂乱无章
喜被表扬，能言善辩	口无遮拦，过度夸张
有错就认，道歉迅速	轻信他人，健忘多变

火星人格者会给你以下帮助：

◆ 当你身心疲惫时，他带来热情、幽默的力量，让你重新充满活力。

◆ 当你面对困境无法突破时，他有天马行空的创意，助你开创新局面。

◆ 当你内心忧愁孤独时，他无拘无束的亲和力，让你走出阴霾，重展笑颜。

◆ 当你陷入平庸的生活时，他积极向上的心态，带你一起个性飞扬，引人注目。

◆ 当你对世界失去兴趣时，他用孩子一般的好奇心，打开你的心灵之窗。

6. 土星人格：用中庸整合世界

土星人格者意志坚强，有责任心。他们以超高标准的勤奋工作来体现人生的价值。他们严肃地对待生命，惟恐迈错前进的每寸脚步，但决不是畏缩不前。只要是为了事情的完美，他们敢想敢干，努力在行动中不断丰富自己、完善自己。

土星人作为金星、木星、水星、火星四种人格模式的集大成者，兼具金星人的权威、火星人的影响、水星人的平和、木星人的完美这四种特质，看似没有突出的个性，但却是以中庸之道整合世界的高手。土星人处事圆融，弹性极强，处世时时留有余地，行事绝对不会剑走偏锋或极端，且擅长整合内外信息，兼容并蓄，是五种人格模式中最难得的人才。

五星人格面面观

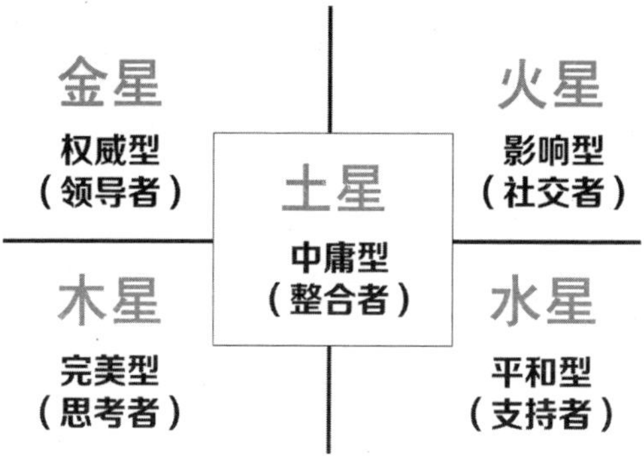

五星人格

(1) 土星人格模式成就“万人迷”。

“金”“木”“水”“火”四种物质都来自“土”，所以，土星人是综合型整合者，他兼备了金星、木星、水星、火星四种人格模式特征，其最明显的特征是适应性强、左右逢源、兼容并蓄、中庸善变。

中华文明的源泉——《易经》曰：“地势坤，君子以厚德载物。”意思是：“大地的气势厚实和顺，君子有像大地一样宽厚的美德，容载万事万物。”所以，土星人像大地一样，具有宽厚的包容之心，他们对身边任何人的优点和缺点都能兼容并蓄，并且顺应形势发挥不同人格模式的长处。这就是土星人能左右逢源的原因。

优秀的土星人是一个多面体，他综合了几乎所有人格模式者身上的优点，并维持了一种进退有度的平衡，是资源的整合者，他们清楚地知道自己想要什么，并积极正派地去实现。在五星人格的理论体系中，这是具有东方特色的一种人格模式特征。

《史记·老子韩非列传》有这样一则故事：

孔子问礼于老子。

孔子自鲁国远道而来见老子，有两个目的：一是印证学问，二是想听听老子的教导。所以，他一见老子就慷慨陈词、纵论古人。

令人意想不到的是，老子毫不留情地否定了孔子的学问："子所言者，其人与骨皆已朽矣，独其言在耳。"

接着，他淡淡地说道："君子得其时则驾，不得其时则蓬累而行。"意思是："君子嘛，如果天下太平，官场干净，就出来坐公车做做官。如果时运不济，官场贪腐，就做野外的蓬草在乡下随风而行安步当车。"

当时孔子三十四岁，志向远大，才能卓越，有一股子"天下兴亡舍我其谁"的劲头。老子这样的话，一定让他惊诧莫名，如遭棒喝。

一个人，如果有才干，再有志向，雄心勃勃，气势汹汹，雄辩滔滔，逼人咄咄，那么他此时最需要的就是这样的当头一棒。

老子提醒他的，不过是：这世界比你的额头坚硬得多，不要正面撞上了，知道进，还要学会退；知道勇，还要学会怯；知道直行，还要学会迂回；知道坚定，还要学会灵活。

《老子》中"愚"字共出现在三处，全是褒义词。

为什么？因为老子的"愚"，不是智慧的缺乏，而是智慧的"收藏"。愚就是藏，把智慧藏起来，把才华藏起来，把志向藏起来，把理想藏起来。藏不是没有，不是放弃，是一种含蓄而坚定的保持，却并不咄咄逼人。

接下来，老子还这样教训孔子：戒除您身上的傲气，戒除您身上过多的欲望、过大的志向。

从中不难想象：三十而立的孔子，是何等意气风发，斗志昂扬；是何等胸怀博大，理想崇高；是何等意志坚定，充满自信。

这都是一个年轻人的优点，没有这些，注定不会有所成就。

但是，如果仅仅这样，而缺少适度的弹性，适度的退守，适度的淡泊，也不会成为大才。

此时的孔子，学问有了，志向有了，眼界胸襟也有了。但是，还缺乏一种东西：弹性的性格。

老子告诉孔子的，实际上就是一句话："适度即智慧"。

土星人中庸不极端，他们具有沉着、冷静、包容、不冲动的性格特征；有大局观念，考虑周全，追求整体和谐。凡事讲求条理和逻辑，处理事情慎重，会给自己留退路。懂得用最现实的方法去做事。居安思危，顺境中不会得意忘形。坚忍，能屈能伸，刚柔相济。他们能充分融入到各种新环境新文化中，且适应性良好，在工作中善于调整自己的角色去适应环境。他们奉行"没有原则就是最高原则"的信条。他们善于沟通，是天生的谈判家。

土星人有大海般的包容之心，能体谅每种人格模式者。他们不会因为某个人反对而记恨。土星人清楚地知道对与不对的评判标准，对于自己出现的错误和受到的批评，能自然地接受和包容。他们能够处理好自尊与对错之间的关系。对于那些误解和中伤，也能泰然处之。

土星人兼顾目标导向与人际导向，在权衡“目标”的同时又能考虑到“人际”，得道者多助，充分利用人脉资源达到最终目的。

同时，土星人具有极强的觉察能力和应变能力，他们能根据环境的变动和需要，及时地调整自己的主导人格模式。在需要沟通的时候，土星人会根据谈话对象不同的性格特征采用相应的人格模式与之交流。

在与人沟通的过程中：

金星人充满自信，用自己锐利的眼睛正视对方，审视对方，并迅速下达任务。

火星人热情洋溢，总是能用自己的“三寸不烂之舌”打破僵局，并调动、活跃气氛。

水星人善于聆听，经常扮演听众角色，偶尔点头、简单地回应一番。

五星人格

木星人思维谨慎，不会放过任何思考的机会，在心里暗暗分析对方话语的可信度，然后再做出回应。

土星人迅速觉察对方的人格模式，在三言两语中，对症下药，遇强则强，遇弱则弱，上述四种人都会将土星人引为知己。

无论我们每个人自身是怎样的人格模式，经过自我觉察和修炼，都能升华为卓越的土星人，具备金星人的领导才能、火星人的社交天赋、水星人的善解人意、木星人的完美精神。这相当于一个人的最高修行境界。

然而，有些天生的土星人，自我尚未觉察，虽然兼具四种人格模式的优点，但同样兼具四种人格模式的盲点。常常处在“金星、木星、水星、火星”四种人格模式的权衡中，容易陷入内心的矛盾和纠结中。

（2）土星人有四种类型：负亚土星人、亚土星人、土星人、卓越土星人。

土星人作为其他四种人格模式的集大成者，人格模式构造要比其他四种人格模式复杂得多。土星人可以根据自身觉察和升华的不同程度分为四种类型，即负亚土星人、亚土星人、土星人、卓越土星人。

这四种类型之间存在着循序渐进的关系，负亚土星人经过觉察和提升会转变成亚土星人，亚土星人和不自知的土星人经过觉察和提升最终成为卓越土星人，达到“随心所欲不逾矩”的境界。

①负亚土星人

负亚土星人虽然拥有四种人格模式，但只有其中一种人格模式超过基准线，其他三种人格模式都没有“达标”，我将其称之为“负亚土星人”。举例来说，主人格模式中只有“金”，其他三种人格模式木星、水星、火星都在基准线以下。

这里的基准线，即人格学测量中提到的常模线。我根据自己创建的十多万人次的人格分析评测数据库收集的数据，分析得出每种人格模式的常模线。

负亚土星人主人格模式容易受其他三种人格模式的牵制，导致情绪善变难以自我控制，从而消极、悲观。所以，我一直要求负亚土星人多学习如何控制自身情绪，并尝试着寻找情绪失控的根源在哪儿？是否来自于原生家庭？当找到了问题的根源后，负亚土星人就可以很好地控制自己的情绪，距离成为卓越土星人的目标更近一步。

②亚土星人

亚土星人就是四种人格模式中，有三种人格模式达到了基准线之上。举例来说，主人格模式为“金星＋火星＋水星”

或者“火星+水星+木星”。亚土星人格模式者情绪比较积极乐观，能充分发挥主要的三种人格模式的长处，在为人处世的过程中也比其他人格模式者要成熟、稳重许多。亚土星人最容易成为中庸的土星人。

③土星人

根据五星人格以往的数据统计，人群中土星人的比例不到1.3%，属于稀缺资源。

土星人分为“自知土星人”与“不自知土星人”。区别在于，“自知土星人”能清楚地知道自己的人格模式特征，并能运用自如，管理好自己的情绪，即掌握了“平衡”之道。而“不自知的土星人”正好相反。不自知的土星人虽然具备土星人格模式，但没有觉察到自己的优势，做不到完全接纳自己。不自知的土星人作为各种人格模式的集大成者，既具备了其他人格模式的各种优势，也囊括了其他人格模式的各种盲点，常在“金星、木星、水星、火星”四种人格模式中拉扯，情绪多处在纠结、矛盾之中。当不自知的土星人觉察并转变成自知的土星人时，才能真正地掌握人生平衡术，成为一个淡定、睿智的人。

这是一个长期的过程，需要不断总结、提炼、完善的过程。

④卓越土星人

这不仅是土星人的目标，也是其他人格模式可以通过不断修炼而接近或达到的圆满境界。

卓越的土星人是怎样炼成的？几乎每个学员和测试者都问过我这个问题。在我看来，修炼成为卓越土星人的过程，就是一个内心的转变过程。一个人通过行动去扩大自己的体验，在体验中获得了某种内心的转变，慢慢地增长自己的不同人格模式，最终成为卓越土星人。

比如说，水星人 A，通过学习五星人格模式理论后，发现自己以往做决断过于在乎他人感受导致优柔寡断、延误时机，因此决定用金星人格模式处理问题。多次尝试以后，感到金星人格模式者在处理一些事情上比以前更有效，那么 A 在以后的行动中，通过磨练，处理问题兼具金星和水星两种人格模式，该果断时呈现金星人格模式直接处理，该耐心细致时，使用水星人格模式。不再像以前一样常常思前想后，让自己纠结矛盾。如此一来，A 也就慢慢具备了金星人格模式的特质，并会在适当的场合及时使用。同理，当 A 体会到火星人格模式带来的快乐和活力，与人交往多以火星人的思维模式去相处，赢得了更多朋友。长此以往，A 就具备了“水星 + 金星 + 火星”三种人格模式，走在通往卓越土星人的路上。

所以，通向卓越土星人的过程，就是内心的转变过程。内心的每一次转变，都会使行为产生变化，行为的变化又会促进人格模式的改变。这是一个连锁反应的过程，但也是一个漫长艰难的过程。我和我研发的五星人格理论，将是你在这条漫漫长路上最得力的旅伴，时时相伴，处处提醒，一起相携成为卓越土星人。

学员经常问我，五星人格中为什么“土星人”是大多数人未来的成长方向？土星人有什么人格特质？

真正自知的土星人就是：自主自纳！也就是面对出现的任何问题时，可以允许问题的发生并积极地做出最好的角色选择；可以根据需要，自主选择“金、火、水、木”任何一种行为与态度、角色去积极而不纠结地面对。直面生活，做自己生命的主人。

“土星”在基督教中类似常说的“喜乐”，喜乐是发乎内心的精神愉悦，对事物的发展充满信心，安于自己的处境而没有任何忧虑，即使面对不称心的事仍保持良好的心态。快乐是短暂的，而喜乐是持续永恒的、不因外在改变而受到影响的。

“土星”在儒家思想中就是“中庸”，中庸的最高境界就是狂狷，是既豪放又有秩序。狂，就是许可的时候好好地表现自己。狷，就是不许可的时候可以清静无为，退守独处，也可以开心快乐。持中庸思想的人，一般情况下在不同的处境中都能保持智慧、和谐的内心世界。

“土星”在道家来讲就似“太极”和“道”，金火星似阳，水木星似阴。阴多了就补阳，阳多了就补阴，秉持平衡而且流动的生活态度。

道，万物之规律和法则。有所变有所不变，遵循生命平衡，这是道。知人者智，自知者名，也是道，知己知彼，百战不殆也是道。

无为，并不是不作为，而是含有不妄为、不乱为、顺应客观态势、尊重自然规律的意思。老子说过“无为而无不为”。不妄为，就没有什么事情做不成的。“无为”乃是一种立身处世的态度和方法。

“土星”在佛家思想里就似“空性”，我是因世界是果，对所有发生的事情没有好坏对错的对立分辨。拥有一颗慈悲之心，是来什么事情都可以接受，出现什么样的结果也能接受。没有内心种种对立矛盾的心理能量损耗，保持完整纯然的自我，也就是所谓的“如一”。

那么，如何成为“土星”人?

我认为“主我”内在生命与人格的成长分为四个阶段：觉知、觉察、觉醒、觉悟。

五星人格

一个人要想自我不断蜕变成长，就需要：了解自己→理解自己→悦纳自己→欣赏自己→珍爱自己。成为一个卓越的土星人，才能欣赏他人，才能享受喜乐人生。

基督教说：自我反省；

儒家所曰：一日三省；

道家叫作：自知者明；

佛家称为：自觉觉他；

五星人格：自我觉察。

五星人格讲求“主我”的觉知、觉察、觉醒、觉悟。

所以，一切的自我修炼都是从自我觉察开始的。

觉察，是一切改变的开始；

觉醒，是一切改变的过程；

觉悟，是一切改变的结束。

由此可见，所有改变都有觉察参与其中！

土星人格者的盲点：

1. 戒备心重，很难完全信任他人。

2. 容易变得敏感，也容易变得消极，有时候会高估自己的能力。

3. 做事风格四平八稳，冒险性、开拓性不足，太过谨慎的性格常常会丧失很多机会。

4. 没有明显的主人格模式特征，往往会给人一种“八面玲珑”、难以捉摸、不知虚实的印象，让周围的人觉得土星人像个“变色龙”没有原则和个性。

所以，土星人只有清楚地认识自己，成为自知的土星，才能在经常的人格模式转换中不迷失自己，升华为卓越土星人。

土星性格
（中庸型整合者）

优　　点	缺　　点
整合能手，服从度高	中庸之道，妥协不争
可塑性强，擅长协调	亲力亲为，顾此失彼
灵活变通，不拘一格	纠结矛盾，自我要求
善于谈判，长于沟通	原则性低，配合环境

土星人格者会给你以下帮助：

◆当你内心迷茫时，他能给你指引方向，让你严格地要求自己。

◆当你是非难辨时，他们会让你坦然接受正确的事情，因为他们信奉做正确的事情。

◆当你犹豫不决并害怕做出错误的决定时，他们会鼓励你坚定信念，做出正确的选择。

五星人格

◆当你犯错误时，他们有超强的批评力量，让你意识到自己的过失，并努力改正它。

7. 小结：人格没有绝对的好和坏

通过前面的阅读，相信你对金星、木星、水星、火星四种人格模式有了比较清晰的了解。下面，我为大家展现四个真实的故事，这四个故事中的主人翁都是我的学员，分别化名金菁、木子、水玲、火纯，象征金、木、水、火四种人格模式。通过集中对比，你一定会有更鲜明的认识。

金菁从小就跟随父母去了意大利，以至于意大利语说得比中文还流利。尤其是骂人的词，用意大利语说起来可以数满一百个不带重样。母语中文，再加上前前后后学校里学的，粗略会说六国语言，成了朋友圈里出门最喜欢带的翻译。

她虽然是个大姑娘，却总是“菁哥、菁哥”地自称自己，短发板鞋干净利索，考了重型机车的驾照，英俊帅气。以至于到了毕业舞会时，为了选择该不该穿长裙而伤透脑筋。前年，邀一群朋友骑单车穿越德奥边境，就为了去一个叫作冯肯的奥地利小镇游玩。

金菁姑娘不甘人下，敢于和男人竞争，天不怕地不怕，以至于父母总会说，这么要强又风风火火的女孩以后谁敢要。尤其是当金菁和同学、朋友一起出去玩时，父母总会特意嘱咐她别欺负别人。

运用五星人格分析理论，金菁姑娘的主人格模式是金星人格模式，帅气勇敢、直接果断、敢作敢为。如今，她已经是一个意大利奢侈品牌在中国的营销总监，年轻有为，且丈夫也是青年才俊，两人有一个乖巧的女儿。无疑，金菁是名副其实的人生赢家。

木子姑娘从小就对自己要求高，喜欢沉思，常常一个人钻研一些深奥的问题。在被众人视为金字塔的少年班读过书，上高一时被西安交大录取，但是心高气傲的她放弃了提早进入大学的机会，转而去德国的一所高中做了一名交换生。随后，在大家诧异的目光中去了世界联合书院的印度分校，并且一待就是两年。

从世界联合书院印度分校毕业后，又有众多世界名校向她抛来了橄榄枝，优秀的她拒绝了布朗大学、沃顿大学这些世界名校，选择了她梦想中的普林斯顿大学。不仅如此，她还获得了普林斯顿大学的全额奖学金，也就是说她可以不花一分钱在普林斯顿读完大学。

木子姑娘十分追求完美，虽然很多时候她的举动让人诧异不已，但是她的内心早已有了明确的目标，她所迈出的每一步，都在朝着自己既定的目标靠近。如今，木子已经是一家跨国公司的外贸主管。

运用五星人格分析理论，我们不难发现，木子姑娘的主人格模式为木星。她严肃、喜欢沉思、目标明确，人生都是按照自己的理想和规划在推进，即使暂时受到阻碍，她也不会改变自己的初衷。事实证明，具有木星人格的她，同样是一位出色又成功的女性。

水玲是温柔而又善解人意的南方姑娘，高中就来到北方上学。高中毕业后与相处了3年的高中同学成为情侣，两人关系非常好，水玲很依恋自己的男朋友，他们有时候一天能通十几次电话。即便大学不在一个学校，也会保持每周见一次面的频率。大学一毕业，他们就结婚了。

水玲学的是会计专业，这是父母给她安排的专业，父母了解自己的孩子，她心地善良，性格比较内向，不太喜欢场面上的交际，所以学会计非常适合她。并且这一职业的好处是轻松稳定，可以在银行里工作，也可以在企业里做财务工作。她的父母说水玲这孩子物欲不强，将来如果嫁人了也一定是个贤妻良母。

而水玲的男朋友是个标准的金星男，非常有干劲，大学四年都在勤工俭学，并用自己挣来的钱读完了大学，不仅没有花家里一分钱，还经常资助水玲。用男朋友的话说就是，他非常喜欢温柔如水有点小脆弱的小公主水玲。如今，他们的婚姻幸福美满，日子过得和和睦睦。

运用五星人格分析理论，我们不难发现水玲的主人格模式为水星。她娴静、温柔、内向、心平气和、善解人意，没有过多的追求，满足于眼前平淡踏实的小生活，但这些并不妨碍她成为众多女人羡慕的对象，因为一个能够收获美满婚姻又衣食无忧的女人就是人生的赢家。

火纯姑娘是一个风一样的女子，她为人热情爽朗，即便是第一次见面，也能很快与你熟络起来。她觉得人生就是要不断折腾，最重要的是快乐就好。她热衷健身和各种极限运动。在 20 岁之前，她攀登了世界两大高峰——阿尔卑斯山与喜马拉雅山，并且还做过贝斯手、舞台剧演员、编剧、短剧导演、平面模特、设计师……生活每天都过得非常精彩。后来，她拥有自己的创业团队，朋友遍布五湖四海。

有一次，我问火纯："你这么多年都在换职业，不想想以后自己做什么吗?"火纯回答我："我喜欢什么就干什么，我的朋友很多啊，我现在过得很快乐，以后如果我玩不动了，也许会请几个朋友给我介绍点生意做。现在我还年轻，必须去尝试一些新事物。"

如今，火纯虽然才 28 岁，但已经是一家互联网创业公司的CEO，雷厉风行、果决智慧的行事风格，让她轻轻松松就可以在激烈的竞争中脱颖而出。

运用五星人格分析理论，我们不难发现火纯的主人格模式为火星。她为人爽朗热情、做事雷厉风行、善于交际、敢于尝试、冲动、富有冒险精神，是典型的火星风范。但是，她同样是新时代女性中的佼佼者，是众人羡慕的对象。

读完这四位不同人格模式的姑娘的故事，我们可以得到这样一个答案：虽然她们的人格模式天差地别，每一个人的活法和追求都不尽相同，但这并不妨碍她们获得精彩、幸福的人生。

在传播五星人格学的过程中，众多学员都不止一次地问我："徐老师，哪种人格模式最好？我怎样朝着最好的人格模式方向发展？"很多学员在做完五星人格测评，听了我给他们的测评分析报告后，也有改变自己人格模式的期待。在这些学员的心中，有一种根深蒂固的观念就是：人格模式有好坏之分，只有拥有良好的人格模式，才能获得人生的成功。如果自己的人格模式不好，那么此生注定是个失败者。

我不得不再三强调，这是一种非常错误的观念。其实，人格模式是没有好坏、优劣、高低之分的。不管哪种人格模式，都有自己的优点与盲点。我们不能去评判哪种人格模式是好的，哪种人格模式是坏的。任何人都不需要刻意去改变自己当下的人格模式，当下的就是最好的。最关键的就是我们每个人都要自知，只有觉察自己，才能接纳自己。人生就是一种经历，每个人都有自己的活法和追求，适合自己的就是最好的。

我们要在心中不断告诫自己，每种人格模式主导的人生都有各自的精彩。每个人的故事里都有精彩温馨的片段，也有起起伏伏郁闷无趣的插曲。你所要做的无非是清楚自己是谁，然后用最大的勇气接纳自己，完善自己，过自己最想要的生活。

五星人格优点与盲点

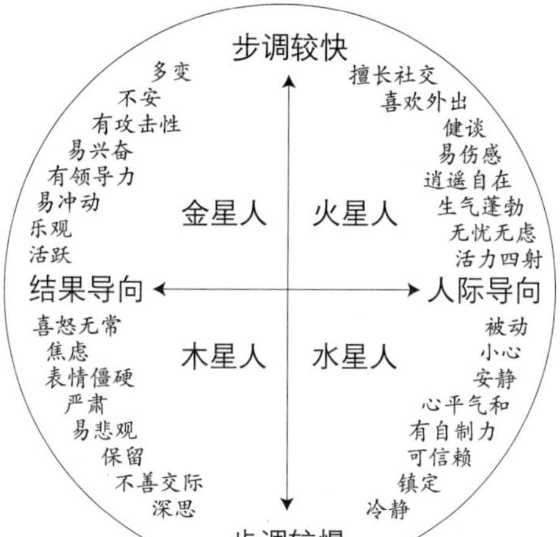

通过上图，我们可以全面观察四种人格模式的优点、盲点。

当然，也有读者看了这几个故事后会问，如果一个人具备这四个姑娘的全部优势，那岂不更好？没错，如果能把这四位姑娘的成就综合起来，那人生就非常完美了：有明确的目标、有拼搏的精神、有和谐的家庭、有丰富的经历，这就是人生最大的赢家。

如果具备这四位姑娘的全部优势，那么就是卓越土星人了。五星人格系统中的卓越土星人格模式（以下简称“土星人”），拥有金星、木星、水星以及火星四种人格模式的所有特质，能够在前四种人格模式中根据事情形势的需要不断切换人格模式，发挥不同人格模式的长处，做到左右逢源。

当然，拥有卓越土星人格模式可不是一件简单的事情，这是每个人完善自我的目标。

三、五星人格是怎么来的

1. 我是因，世界是果

我是做保险销售出身，二十年前的我只是一名普通的销售员，初入销售行业时，我同样和很多新人一样非常迷茫和胆怯，因为我也不知道如何与客户打交道，如何才能让客户愿意和我交谈，如何才能准确地摸清客户的性格和喜好，如何才能在最短的时间内让客户签单。但是，鉴于我与生俱来对人的敏锐感知力，我很快就摸清了其中的门道，这也是我的业绩总能名列前茅的原因。我在和各种各样的客户打交道的过程中，发现每个人的性格都各不相同。性格不同，言行举止、处事方式自然也会有所不同。这种种不同直接决定了销售员在面对不同的客户时，需要采用不同的沟通、交流方式。销售员只有按照客户的喜好行事，才能讨得客户的欢心和信任，并顺利地拿下客户的订单。

2000 年，我跳槽进入泰康人寿这家企业。在这片广阔的新天地里，我再次迅猛地成长。一年以后，我就获得了全国优秀营销部经理奖。不到两年的时间，我又被调到福建，分管全省的个人业务。在我主管泰康人寿福建分公司的一年时间里，我们的业绩就蹿升到了全国第一。因此，我再次荣获全国优秀营销部经理奖。

更为重要的是，在这短短一年的时间里，我就把分公司从刚开始的三四名员工扩大了到 1000 多名员工，这一举动一下子就震惊了当时的福州寿险市场。而在这一系列辉煌成就的背后，都离不开我对人敏锐的观察能力的支持。

当别人看到我不仅在业务上成就显著，在管理方面也高人一等，便好奇地向我打探成功的秘诀。我给他们的答案很简单，就是要依靠识人术。识人术，让我可以在最短的时间内识别出和我交往的对象是什么性格的人，让我知道自己应该以何种方式与其展开沟通交流。所以，在我合作的客户群体中，很少有人会拒绝我。他们不仅和我言谈甚欢，甚至不少人还和我成了终生好友。

在我担任区域经理的时候，我常常会给我们的部门的新人做培训。在做培训时，我常常对他们说："是人就有人格特征，从事保险销售这一行必须懂得运用客户的人格特征来获得订单。"不少销售新人纷纷表示这一点很难行得通，因为对于广大销售员来说，客户都是比较陌生的人，保险销售员是很难得知客户的人格特征，所以，要想在初次见面就利用客户的人格特征让其签单，有点不太现实。

当时我就告诉他们，一个人的性格特征，往往可以从他的语言、举止、做事风格中得悉。只要我们和客户进行一番有针对性地交谈，就可以得知客户的性格特征。为了更清晰地向他们讲解这一点，我还特意列举了我亲身经历的一件事情。

有一次，我去向一位企业的高管推销保险，可是这位客户一听说我是推销保险的，就马上拉下了脸，说他生平最讨厌卖保险的，都是骗子。所以，不管我怎么澄清，他都听不进去。我当时就断定这是一个非常固执己见的人，是那种典型的理性之人。一时间是很难转变他的思想，所以继续说下去是无济于事的。

当我离开客户公司后，便开始给这位客户写信。为了更好地表达自己的尊重和真诚，我没有选用电子邮件，而是选择手写的信。信中的内容主要是表达我的歉意和澄清保险的好处。第二天我把信寄给客户，两天后我再次登门拜访。这次客户的态度缓和了很多。在交谈过程中他告诉我："我真的没想到你还会给我写信，我好多年都没有收到过手写的信了，从这里可以看出你这个人很真诚、很有耐心。"

那天，我和这位客户长谈了近两个小时，我给他详细地分析了我们公司保险的各种功能，以及哪款产品最适合他。最后，这位客户终于被我感动了，他不仅给自己购买了保险，还给自己的妻子和儿子也购买了一份保险。

一个看似难搞的客户，就这样被我轻松搞定了。试想一下，如果不懂识人术，不能及时识别客户的人格特质，转而制定适当的营销手段，怎么可能搞定这个难搞的客户呢？如今，这位客户已经和我是很好的朋友了。2010 年初，在我的事业出现危机的时候，他还鼎力帮助我度过了难关。

这是一个竞争激烈的时代，任何一个成功者都绝不是靠着运气青云直上的。虽然机遇很重要，但如果没有实力这架天梯，机遇再好，也难以青云直上。

在很多成功者看似一帆风顺的事业道路背后，有很多我们看不到的风雨坎坷与努力拼搏。我虽然精通识人术，但是大家看不到我每天晚上回家后做研究、做总结、写心得的辛苦，看不到我为了得到一个确切的答案，跑遍了全市所有图书馆的艰辛，看不到我在夜半的台灯下读了不知道多少本心理学、性格学等各种深奥枯燥的书籍。所以，我从不认为我的成功是因为自己幸运，没有我的辛苦付出，幸运之神是不会光顾我的。

当然，我也从未后悔过曾经的付出，更没有后悔过自己进入保险销售这个行业。因为做保险销售的那些年里对识人术的钻研与积淀为我后来创建五星人格打下了坚实的基础。如果我没有做保险销售的那段经历，估计大家今天就不会看到五星人格。

所以，我始终感恩人生和命运，因为你所经历的一切都是人生和命运回馈给你的最宝贵的财富。

2. 中西文化的结晶——五星人格

人格是在社会化过程中个体遗传与环境交互作用下的产物，个体人格类同但绝不雷同，自我人格相对稳定但从不恒定。五星人格的核心理念是探讨个体与个体、自我与自我的差异。五星人格特征分为先天人格、后天人格、卓越人格三个层次。

创建五星人格是一个艰难且漫长的过程。因为这是一个非常系统且庞大的工程，它需要扎实的理论做基础，还需要严谨的知识结构做骨架，如果没有理论依据五星人格根本无法成为可以影响人的命运的人格学。所以，为此我花了十几年的时间潜心钻研、刻苦耕耘。

为了使自己创建的五星人格能够成为破解人类性格及行为方式密码的钥匙，我需要从人格的源头研究起。心理学中的“人格”一词是由 personality 翻译过来的，而 personality 原意是由拉丁文 person 一词引申出来的。person 是古希腊演员所戴的面具，面具反映了不同的角色要求，代表了一个人所特有的行为模式。所以，“人格”一词从被发明那天起，就秉承了人类的至高期待。

五星人格是多种人格学的融合

五星人格

人格理论流派的发展大致可以分为三个阶段：第一阶段是理论昌盛时期；第二阶段是对理论的反抗倾向时期，这种反抗持续至今；第三阶段是将上述两种风格统合在一起的时期，这一阶段将会在未来一直发展下去。

在研究人格的过程中，我几乎把古今中外所有的人格研究学成果都抽丝剥茧地研究过了，像希波克拉底的体液学说、弗洛伊德的人格理论、荣格的人格理论、阿德勒的人格理论、弗洛姆的人格理论等，我都反反复复研究过几十遍。

这里需要详细说一下的是希波克拉底的体液学说。虽然五星人格理论不是这一理论的直接发展，但背后依据的概念还是可以追溯到希波克拉底的体液学说。

希波克拉底是古希腊的名医，被西方尊为“医学之父”，他认为，一个人的行为模式是其整体生理状况的综合反映，人体含有的四种基本体液是以火、空气、水、土四种元素为基础。当其中某一种特性强过其他特性时，它就会影响到那个人的情绪和行事态度。血液、黄胆汁、粘液和黑胆汁四种体液分别代表四个不同的行为类型，也就是我们通常所说的火星、金星、水星、木星：

1. 血液多（火星）会使一个人变得乐观；

2. 黄胆汁多（金星）则会造成个性暴躁；

3. 粘液多（水星）会使人看起来懒散；

4. 黑胆汁（木星）则与忧郁症有关。

橘生南国为橘，生于北国则为枳。为了使五星人格符合我们中国人的特性，我在西方人格学的理论基础上，结合自己所做的十多万人次的各类型人格分析评测实践，最终发展出一套符合中国实际、便于中国人理解的实用人格分析系统：整合五星符号，“金星、木星、水星、火星、土星”作为个性标注符号。

五星人格分析系统如果用 4 个相向组成的坐标系来表现，那么会更直观，这 4 个坐标系构成了金星、木星、火星和水星的区间，每个人在这个坐标系中均能够找到自己的几个点，这几个点连线以后形成的形状就代表着这个人的人格模式特征。这是一个四边形。所有的人都是一个由金星、火星、水星和木星组成的四边形，但是如果我们仔细观察的话，就会发现每一个人的四边形都是不一样的。

即使是金星，也有强的金星和弱一点的金星，如果在一起的话，两个人之间，还是会变成一个烈马和驯马师之间的较量。同样，对于其他的人格模式者都不是相同的。所以，个体人格类同但绝不雷同，自我人格相对稳定但绝不恒定。

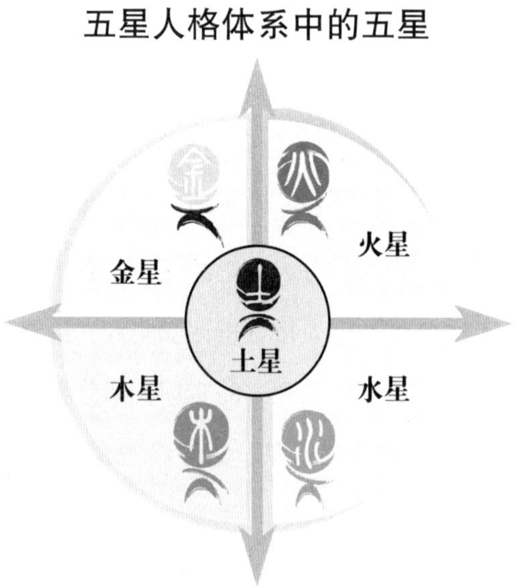

同时，为了将五星人格的贡献最大化，能够最大限度地服务我国人民，我进一步将传统人格分析系统的应用范围从企业管理方面推广到更加广泛的销售、婚恋、亲子、疗愈等诸多领域，以此创立了“统和科学与身心灵”的全新人格行为气质测评理论和实用方法—— 五星人格应用系统，在讲授个人、企业管理、销售、婚姻、亲子的实际分析与应用中，学员反响强烈，被众多有识之士誉为国内未来最具发展前景的人格与行为气质测评体系。

3. **成为五星人格促进师**

命运是公平的，它不会辜负任何一个努力拼搏、艰辛付出的人。经过十几年的潜心钻研，我终于成为一名出色的五星人格促进师。

这些年，我的足迹踏遍祖国的大江南北、长城内外。服务过的大集团、大企业有数百家，比如工商银行、建设银行、中国银行、农业银行、招商银行、兴业银行、中信银行、平安人寿、中国人寿、泰康人寿、太平洋人寿、中英人寿、幸福人寿、京东电商、华为集团、中国移动、北京工商大学、浙江传媒学院、福建农林大学、东风汽车、娃哈哈集团、波司登集团、隆力奇集团、清华大学总裁班、广西百色组织部与统战部、日本西科姆、珠海拱北海关、利郎服饰、卡帝乐鳄鱼、福建烟草局、福建电信、福建文广集团、环球贸易网、厦门晚报、湖北民营经济研究院、福建新大陆集团等。

无一例外，每一次服务都获得了巨大的成功。因为在现在这个充满浮躁和迷茫的快节奏时代，人们常常会被各种各样的问题、困境束缚，有的人甚至一头扎进困境的泥潭中再也出不来，在这种情势下，我们怎么会平静安然地生活呢？争吵、对抗、不合作、孤独、迷茫等，将我们的生活搞得一团糟。而这一切，都和我们不懂自身的人格模式有很大的关系。

因为只要你精通五星人格，就会知道如何做好眼前的事情，如何才能平复自己的心境，以什么样的方式才能和他人和平共处等。

学习五星人格，能够更好地认识自我的优势和不足，以便在工作和生活中扬长避短；学习五星人格，能够更深刻地觉察自己、认识人性，从而让自己变得更加宽容大度。五星人格，不仅仅是一种精妙的性格分析工具，更主要的是为个人修养、自我提升与历练提供深入的洞察力。只要你掌握了它，就可以明白自己的个性和他人的个性，从而完全接纳自己或他人的短处，活出自己的长处，欣赏他人的长处，从而让自己与他人建立更真挚、更和谐的关系。

五星人格的稳定性是指个体的人格特征具有跨时间和空间的一致性。即从时间上看，一个人的人格一旦形成就比较稳定，在其幼儿期、青年期、中年期和老年期有相当的一致性；从空间上看，一个人不管在家里、在学校，还是在公共场所，其人格也具有相当的一致性。因此，我们描述一个人的人格时，总是指他经常、一贯的表现，而不是偶然、间或的表现。如某人具有处世谨慎的人格特征，说明他一贯循规蹈矩、持事稳重。然而，他偶尔表现出的冒失、轻率则不是他的人格特征。人格的稳定性，使我们可以从一个人儿童时期的人格特征推测其成人时的人格特征。

另一方面，人格稳定性并不排斥其发展和变化。人格的稳定性并不意味着人格一成不变，而是指较为持久的一再出现的定性的特征。人格变化有两种情况：一是人格特征随年龄的不同表现方式也不同；二是对个人由决定性影响的环境因素和机体因素，如社会地位和经济地位的重大改变、丧失配偶、迁居异地等往往会使一个人的人格发生较大的甚至彻底的改变。三是意志坚强的人通过自我教育也可能塑造自己的人格，使其向理想的方面发展。不过，人格的改变不同于行为的改变。行为变化往往是表面的，由不同的情景引起，而人格变化是更深层次的、内在特质的变化。

人格的独特性是指人与人之间的心理和行为是各不相同的。世界上很难找到两片完全相同的叶子，也很难找到两个完全相同的人。人们在人格上的独特性或差异性就是我们平时常说的“个性”。每个人都有自己的个性，这是因为构成人格的各种因素在每个人身上的侧重点和组合方式是不同的。如有的人憨厚老实，沉着稳定，有主见，不人云亦云；有的人开朗热情，待人真诚，做事踏实，但缺乏开创精神；还有的人多愁善感、优柔寡断，缺乏自信。

强调人格的独特性，并不排除人格的共同性。事实上，人格是独特性与共同性的统一。人格的共同性是指某一群体、某个阶级或某个民族在一定的群体环境、生活环境、自然环境中形成的共同的典型心理特点。如，对人、对事、对己的态度和价值判断，对问题的看法，愿望的实现等方面具有共同性。

为了让大家更好地学习五星人格，了解自己，我通过多年努力，将自己所学的所有知识和在实践中获得的所有经验，用以帮助更多的人认识自己，确立方向，实现更高的人生价值。

四、如何测评、定位自己的人格模式

通过多年努力，我将自己所学的知识和实践经验汇聚成一个可以参考的系统，我和我的团队研发出一套五星人格测评软件。如今为了方便大家进行在线测评，只要关注“五星人格”微信公众号，根据提示就可以进行五星人格测评，了解自己的人格模式。

创建这个测评软件，我前前后后总共花费了三年的时间，可谓煞费苦心。以前，相关的测评全是以纸质版本呈现，而这几年互联网高速发展，移动阅读软件已成为一种主流的传播和阅读模式，为了更好地适应时代，也为了五星人格理论能被广泛传播，以便于我们可以收集到更多测评数据（大数据的精确性有利于五星人格理论的研究），我们联系到软件开发专家房家安先生，共同开发了五星人格测评软件。

软件的开发过程，可谓一波三折。无数个深夜，当别人早已进入梦乡的时候，我们还在苦苦加班加点地探讨、思索。我们的合作，就呈现了五星人格不同人格模式之间的碰撞和磨合。

我，懂心理学不懂程序；他，懂程序不懂心理学。我，属于影响型火星人，想法天马行空，各种奇思妙想不断冒出来；他，属于完美型木星人，严格遵守程序规则，常常对我的想法感到无可奈何。因此，合作刚开始的时候充满了分歧。

不过，好在我精通五星人格，我以一种双方都可以接受的方式展开合作，有效规避了各种争执和不满。在创建测评软件的过程中，我们向对方学习自己欠缺的知识，了解对方的性格特征，充分发挥自己的聪明才智，恰到好处地弥补了各自的短板，历时三载，最终将这款实用简单的五星人格测评系统研发了出来。

这也再次体现了五星人格理论的价值所在，它可以让两个人格模式完全不同的人之间，精诚合作，取得双方都满意的成果。

如果你想深入地了解五星人格，我建议你还是先通过五星人格软件做一个测试，了解自己的人格模式。这样才可以有针对性地阅读书中接下来的内容。不过，大家不用担心，所测试的结果并非就是最终的结果，因为人格模式不是永恒不变的。当然，要改变也不是轻而易举就可以完成的。

我们常说永远不变的就是变化，人格模式也一样，随着时间的推移和际遇的改变，它会缓慢地发生变化。但由于“人”的特殊性，人格模式一般相对稳定，不会发生翻天覆地的变化。除非遭遇重大突发的事件，才会引起当事人的巨大变化。

五星人格理论适合所有人群与年龄，不会随种族、法规、文化或经济地位而改变，因为它代表的是一种可观察的人类行为模式与情绪特征。

Chapter 2

第二章

自我情绪的掌控者——五星人格应用

五星人格是人格心理学研究及其实践被越来越多用来解析人们日常遇到的问题。五星人格适合所有人群，它不会随种族、法规、文化或经济地位而改变，它只代表着一种可观察的人类行为与情绪。

一、找到自己的人格类型

有的人常常抱怨“为什么我这么懦弱？我讨厌我的性格，如果自己都不喜欢自己，不愿接纳自己，这是一件多么可怕的事情啊！一个不喜欢自己的人一定会自卑，而成功是不会找上自卑的人的。19 世纪末，一个男孩降生在布拉格一个贫穷的犹太人家里。随着男孩一天天长大，人们发现他没有半点男子汉气概。他性格十分内向、懦弱，也非常敏感多虑，总是觉得周围的环境对他产生压迫和威胁。防范和躲避的心理在他心中可谓根深蒂固。

男孩的父亲竭力想把他培养成一个标准的男子汉，希望他具有风风火火、宁死不屈、刚毅勇敢的性格特征。在父亲粗暴、严厉的培养下，他的性格不但没有变得刚烈勇敢，反而更加懦弱自卑，彻底失去了自信，以至于他在惶恐痛苦中长大。他整天都在察言观色，常独自躲在角落里悄悄咀嚼痛苦。

这样的孩子实在太没有出息了，你能够让他去当兵，去冲锋陷阵，去做元帅吗？不可能。部队还没有开拔，他就已当逃兵了。让他去从政？依他的智慧、勇气和决断力，要从各种纷杂势力的矛盾冲突中寻找出一种平衡妥当的解决方法，更是可望而不可即的幻想。他也做不了律师，懦弱内向的他怎么可能在法庭上像斗鸡似的竖起雄冠来呢？如果做医生，则会因太多的犹豫顾虑而不能果断行事，只会使很多的生命在他的犹豫延缓中遗恨终生。

看来，懦弱、内向的性格，确实是一场人生的悲剧，即使想要改变也改变不了。然而，你能想象这个男孩后来的命运吗？这个男孩后来成了著名文学家，他就是卡夫卡。

为什么会这样呢？原因很简单，关键在于卡夫卡找到了适合自己穿的鞋子，找到了上帝为他的性格安排的职业。

性格内向、懦弱的人，他们的内心世界实际上很丰富，他们能敏锐地感受到别人感受不到的东西。他们虽是外部世界的懦夫，却是精神世界的国王。这种性格的人如果选择了做军人、政客、律师，那么他就选择了做懦夫，但是如果他选择了精神的领域，那么他就选择了做国王。卡夫卡正是选择了后者，在文学创作的领域里纵横驰骋，写出了《变形记》、《判决》、《乡村医生》、《地洞》等传世巨著。卡夫卡的文笔明净而想象奇诡，以对生活的巨大洞察力为后盾，其形式之怪诞表现了艺术的独创，20世纪各个写作流派纷纷追其为先驱。卡夫卡直到41岁死于肺结核时才停止了自己的创作。

看了这个故事，你还在为自己不喜欢的人格特质而烦恼吗？你还在试图改变自己的性格吗？千万别这样做，因为“江山易改，本性难移”，想改变一个人的性格，比移动一座大山还难。而且性格并无好坏之分，就像一个畏首畏尾、做事放不开手脚的人，性格一定很谨慎，一个不会三思而后行、行为鲁莽的人一定具有勇敢的性格，一个我行我素、不拘小节的人，性格一定很豪放。所以说，每一种性格都能成功，关键在于自己能否准确识别并全力发挥自己性格的优势与天赋，寻找到能发挥自身性格的道路，并坚持下去。

而暂时没有成功的人，就像少年时的卡夫卡，仅仅是因为他们还没有为自己的性格找到合适的位置，还没有充分发挥自己的性格优势。所以，千万不要讨厌自己的性格，只要往性格的优势方向发展，无须改变，只要改善，相信性格不会阻挡成功的来临。

二、一顶帽子引发的思考

人格的社会性是指人格是个体在社会化过程中形成的，是社会的人特有的。社会化是个体与他人交往中掌握社会经验和行为规范、获得自我的过程。它在很大程度上受社会文化、教育教养内容和方式的影响。可以说，每个人的人格都打上了他所处的社会的烙印！不同社会的政治、经济、文化对个体有不同的影响，使人格带有明显的社会性。比如，代沟就是人格的社会性在个体身上的反映。人格的社会性并不排除人格的自然性。因为个体的

五星人格

人格是以其神经系统的解剖生理特点为基础的。

接下来，让我们先仔细看看下面这幅图。这幅图分为四个情景，每个情景中都有一顶帽子，它作为导火索，是情景中的核心部分，因为它引发了不同人物的不同表现形式。

情景一

情景二

情景三

情景四

情景一：甲在公园里走累了，看到一把椅子立马坐下，翘起二郎腿，双手环抱在胸前，高昂着头休息，随手把帽子放到一边，这时来了一个路人，他没看到椅子上的帽子就坐下了，甲看到那路人坐在自己的帽子上，心中的怒火一下子就被激起来了，马上提高嗓门，揪着对方的领子喊道："你眼睛是用来出气的吗？我的帽子在这里，你把我的帽子坐扁了……"

情景二：乙在一张长椅上休息，把帽子放一旁，悠闲地抽着烟，一个路人没看到帽子就坐下了，乙漫不经心地看了一眼，接着麻烦对方站起来，再若无其事地把帽子拍了拍就戴在头上，然后继续悠哉地抽着烟，在他心里这只是一件小事情，不用斤斤计较，所以一切好像什么事也没发生过一样。

情景三：丙拘谨地坐在长椅上，双腿并拢，上半身挺直，眉头紧锁地休息。同样他也把帽子放在了一旁，接着来了一个人没发现长椅上的帽子，直接坐了上去，发现后大吃一惊，赶紧站起来，丙拿着帽子神情忧郁，心里默默地念叨："我可怜的帽子被坐扁了，而且居然被人用屁股坐着，很脏了吧，这还能不能要啊……"郁郁寡欢地拿着帽子站了许久。

情景四：同样的情景，不过丁的反应完全不同，他爽朗地笑着告诉对方坐在自己的帽子上了，然后拿起这顶帽子，并说没关系没关系，接着他就以这顶帽子为话题开始和对方聊了起来，俩人很愉快地聊了一下午，走时双方都已经成为了朋友并互相留了联系方式，还希望对方能多保持联系。

为什么同样的事件，同样的起因，四个人的反应却如此大相径庭呢？答案很简单。因为甲乙丙丁四个人属于不同的人格模式。不同的人格模式，面对一样的场景，自然会表现出不同的行为方式。

对于不了解五星人格的人来说，或许不懂得这个中缘由。但如果是了解并掌握了五星人格的人，他们则会对这四个情景做出精准的分析。

对于情景一中的甲来说，那虽然只是一顶帽子，但又不只是帽子，它代表的可是他的“面子、地位、权威”，他是绝不允许别人轻易地践踏自己的“面子、地位、权威”的！那么把面子、地位、权威放在这么重要、明显位置的人，自然是天生拥有领导者特质的金星人了。他们领导能力强，喜欢支配他人、行动迅速、意志坚决果断、不容有错，这种优良个性促使他们成了非常出色的工作者。不过，金星人也有一些盲点，就是缺少换位思考、喜欢争论、爱挑战他人，所以当自己的帽子受到欺负时，毫无疑问要立马找对方理论，讨个说法。

情景二中的乙是个不折不扣的水星人，这种人如水一样随和，不喜欢斤斤计较，更不喜欢与人冲突，他们心智平衡、为人低调、温柔平和，因此可以一句话不说拿着压扁的帽子继续戴在头上，用实际行动向对方表明自己不介意。因为对他们来说，面对冲突、解决冲突那是一件多么要命的事！

情景三中的丙，给人一种心事重重的思考者的印象，这是典型的木星人的表现。木星人是完美主义者，行事沉稳、逻辑性强，事事追求完美的他们比较容易抑郁，一不小心就容易走进“死胡同”，即陷入情绪低潮。当丙看到自己的帽子被坐扁时，内心便感到很悲伤，纠结也就在所难免了。

情景四种的丁，看到帽子被人坐扁了，并没有发火或难过，而是用开玩笑的方式解决了尴尬场景，并迅速跟对方热络起来，这就是火星人的显著特征。火星人活力四射、热情洋溢，到哪都能把气氛嗨起来。对他们来说是没有陌生人的，随意一个话题，他们就能与你展开一番交谈，甚至和你迅速成为朋友。

不同人格模式的人，常常会对同一件事情呈现出不同的表现形式。这件帽子事件就很生动地向我们阐述了这一原理。如果我们能够掌握五星人格，那么在今后的生活中，碰到类似的情景，就完全可以第一时间判断出当事人的性格、心理特征等，这可以让我们更好、更准确地做出正确的应对措施。

三、如何选择合伙人

个性，指人格的独特性。它与人格的区别在于：其一，个性是指人的个别差异，人格则是对一个人的总的描述或本质的描述。其二，个性是相对于共性而言的，世界上万事万物都有个性，但人格是对人而言的，其它事物或动物显然不能用人格来描述。那么，我们应该怎样选择与不同个性的人交往呢？

2013 年 5 月，由黄晓明、邓超、佟大为主演的《中国合伙人》在一夜之间爆红，这部影视作品给众人留下了深刻的印象，让人们在兴奋、开心之余，也对人生有了更多深沉的思考和感悟。

很多观众都在想，由黄晓明饰演的成东青、邓超饰演的孟晓骏、佟大为饰演的王阳这三人是如此亲密的朋友，但为什么做事风格、人生态度却大相径庭呢？其实，只要我们了解了五星人格，就可以瞬间得到答案。

1. **关于成东青**

在这个创业三剑客中，成东青一个典型的“本我”是木星+水星，“自我”被自己和生活的艰难与挫折训练成了同时也拥有“金星+火星”行为与思维特质的“亚土星”。

成东青是缺乏安全感和自信心的人，比如他在办理签证时，面对美国佬唯唯诺诺，严重缺乏自信和安全感。但是，他也有很多优点，比如，勤奋努力、待人真诚、临危不惧等。他在图书馆秉烛夜读、把牛津词典倒背如流、为人仗义为朋友两肋插刀等经典片段，都给观众留下了深刻的印象。

像成东青这种人格模式的人，如果没有合伙人的出现，他就属于那种守着一亩三分地过安稳日子的人，是典型的小富即安的代表人物。但是，有了合伙人的出现，并且合伙人与他的人格模式正好互补，这帮助他赢得了爱情、友情和金钱。

2. 关于孟晓骏

孟晓骏的“本我”是金星＋火星，最终被美国的环境“修炼成了”拥有水星特质的“金、火、水”星。

孟晓骏具有优越的家世，其父辈们都在美国留过学显赫的家世，使他从小就承担了父辈们的殷切希望，这些都是他骄傲自信的原因。他自我感觉良好；有着远大的目标，敢在课堂上公然和教授叫板。

他是个非常理性的人，为了考上托福，他发奋学习，即便这期间好兄弟成东青得了肺结核住院，他都不去看望。他的一句口头禅是“美国人民需要我”。最终，他是三兄弟中唯一一个取得签证，直奔美利坚去实现美国梦的人。

3. 关于王阳

佟大为饰演的王阳是一个留着长发、喜欢看好莱坞大片、为人处世放浪不羁的文艺青年，他的“本我”是“火星＋水星”，“自我”在创业中成功蜕变成了“水星＋火星”。

王阳经常说的一句话是："假如生活欺骗了你，你也要欺骗一回生活"。这也是他对待生活的主要态度。上大学时他几乎把所有的精力都花在了谈恋爱上，并且还找了一个美国女朋友。但是，后来被美国女朋友给甩了，这也直接粉碎了他的美国梦。梦醒后，他痛定思痛，洗心革面，开始积极地面对生活，并且娶了一个平凡的老婆做贤内助。

这部影片中有很多高潮部分。当成东青和王阳合伙创业（开办英语培训班）取得初步成功后，孟晓骏却回国了。在美国混得很不好的孟晓骏，这种失败对于"金星 + 火星"的人来说，打击是非常沉重的。但是，一向自信的孟晓骏并没有屈服，他离开美国那天，在机场大屏幕上看到新浪成功上市的新闻时，那种失落又不失坚定的眼神仿佛在说："美国佬，等着吧，我会回来的。"

孟晓骏回国后，与在国内用麻袋装钱的成东青和王阳一起合伙创办了"新梦想"公司。"亚土星"成东青是掌门人，控股51%，"金星 + 火星"的孟晓骏和"火星 + 水星"的王阳是他的左膀右臂，占49%。首先，孟晓骏"金星"特质和成东青"木星"特质的冲突上演了。

新梦想公司的业务非常好，这让"水星 + 木星"成东青觉得非常满足、知足，然而这时候孟晓骏却发飙了，他不断逼问成东青："你的梦想是什么？你的梦想是什么？"成东青茫然了。孟晓骏大声地说："上市！上市！我们要做 NO. 1。"

听了孟晓骏的话，有"水星"人格模式的成东青愁坏了，因为他的人格模式决定了他追求的是安全感，是团队的稳定。于是，他按照"水星 + 木星"的固有思维逻辑，送给孟晓骏一套大房子，可孟晓骏不领情，说我要的不是这个！

最后，为了公司上市成东青做出了稀释股份给老员工的决定，而这一举动也彻底激怒了孟晓骏从那天开始，创业三剑客就有了很深的隔阂。因此，这才有了王阳在婚礼上的三个"千万"这一个经典片段。

新郎官王阳在自己的婚礼上说："千万别跟丈母娘打麻将，千万别跟想法比你多的女人上床，千万别跟好朋友合伙开公司。"宾客散尽后，三剑客的矛盾集中爆发，三人大打出手血泪合流。

第二天孟晓骏就离开了，三剑客也就此散伙。没多久，"新梦想"面临了知识产权诉讼，"亚土星"成东青陷入了灭顶的危机。当"火星 + 水星"的王阳拉着熟谙美国游戏规则的孟晓骏重新出现的时候，影片进入了高潮。

有了团队的支持，尤其是与自己人格模式正好互补的伙伴的支持，成东青再一次表现出了"土星"处理危机的能力。在成东青最后一段流利的英文演说中，成东青将"亚土星"特质表现得淋漓尽致。

成东青说："我一直在等一个时机把公司上市，现在终于等到了。波诺先生，谢谢你，是你给了新梦想这个机会，是你让华尔街投资者看到了我们，让他们看到我们的诚意和勇气，看到我们为错误承担代价，我们付出的赔偿金越多，我们未来市场的价值就越高。当然，上市还有另一个好处，总有一天，当我们三个不再只是教书匠，而是全球最庞大教育产业股的代表，你们就会真正尊重我们，再不需要通过打官司来沟通。对我来说，这件事还有一个更重要的原因，我有一个朋友，他远比我优秀，远比我更应该成功，他来到美国，我看见我们这一代人中游得最棒的一员在这里沉了下去。波诺先生，这里从来就不是一个公平的战场，我要用我的方式帮他赢回尊严。按中国的说法，我是一个土鳖，害怕任何风险，此刻，我站在这里，仍然不免会害怕，但我同意我这位朋友的说法，总有一些更重要的事情，赋予我们打败恐惧的勇气。”

“综合、完整、矛盾、中庸、害怕、恐惧、勇气”这些都是描述“土星”成东青的关键词。影片的结尾，自我“决定”修炼成“土星”的成东青送给“金星＋火星”的孟晓骏的礼物是：以孟晓骏名义捐赠命名的一块牌匾“孟晓骏实验室”，那里曾经是孟晓骏在美国跌倒的地方。看到这份礼物，孟晓骏会心地笑了，因为尊严与自我价值的实现，对“金星＋火星”的人来说，比金钱更重要。

成东青的本我是“水星＋木星”，周全谨慎，忍耐坚韧，但缺乏魄力与野心；孟晓骏的本我是“金 + 火星”，有梦想胆识，坚强勇敢，但急功近利；王阳的本我是“火星 + 水星”，创意无限，但往往虎头蛇尾，在乎感觉。如果把三个人的劣势集中就会出现“缺乏魄力、急功近利、虎头蛇尾”；如果把三个人的优势发挥出来就会是“周全谨慎、有梦想、有胆识、创意无限”。看完这部影片，真的佩服陈可辛导演对人物人格模式的把握是如此到位，像学过我的“五星人格”似的。内行的人都可以看出，他是在以不同人格模式人物之间的思维碰撞来推动故事的发展，不同人格模式人物之间的思维碰撞越激烈，故事的高潮就越多。所以，《中国合伙人》绝不仅仅是一部电影，它还是一部五星人格教科书。它对我们的启发是，要想安身立命，取大成就，干大事业，对五星人格的研究是不可或缺的一个环节。合伙人性格的匹配是非常重要的。

所以，即便是合伙创业，对于合伙人的人格模式研究，也是非常重要的环节。因为它不仅决定了你们能否精诚合作，还决定了你们的企业能否发展壮大。

四、五星人格助你搞定职场沟通

五星人格根据人们的思维、情绪和行为对人格类型进行分类，实用性强，可以帮助人们认识自己、理解他人以及为人们寻找生活、工作困扰的来源，从根本上着手解决问题。

五星人格不仅仅是一种精妙的性格分析工具，更主要的是为个人修养与自我提升、历练提供更深入的洞察力。与当今其它性格分类法不同，五星人格揭示了人们内在最深层的价值观和注意力焦点。它不受表面的外在行为的变化所影响，它可以让人真正的知己知彼，可以帮助人明白自己的人格特质，从而完全接纳自己的短处，活出自己的长处，可以让人明白其他不同人的人格类型，用有效的方式与他人沟通，提升我们人生的幸福和成功。

沟通是生命永恒的主题，五星人格如同指挥棒，能指引你感受不同人格的生命特质，最终做出高效的沟通行为。然而，许多职场人士对如何在沟通中运用五星人格方法感到困惑不已。例如，怎样在谈判、销售或管理中快速了解沟通对象的基本人格特质？如何掌握与其它人格类型者进行沟通，并针对不同性格运用不同的沟通策略？……针对以上问题，我利用五星人格帮助你系统深入地认识不同类型的人格特质，抛开传统性格识别方法的束缚，利用最简单直接的性格辨识技巧分辨对方性格类型；与此同时，对于不同性格类型人的沟通策略，也有清晰全面的掌握。对于一个时常需要随机应变、灵活机智的现代职场精英人士来说，这是不可缺少的必修课。

1. 漏斗效应

每一位职场人士都深知，在这个竞争激烈的社会，沟通能力强的人，更容易获得他人的赏识和信任，自然也更容易获得更多的资源和机遇，相反，一个人如果沟通能力不强就无法理解他人的需求，也不能很好地将自己的想法传递出去，而且还很容易造成误解，不容易建立起属于自己的职场人际关系网络，这些都会让他在职场中步履维艰，甚至失去成功的机会。这叫“知己知彼，百战不殆。”所以，我们有必要投资更多的时间和精力来提升沟通力。投资沟通力，就等于投资未来、投资竞争力。

沟通的定义是：为了设定的目标，把资讯、思想和情感在个人或群体间传递，并达成共识的过程。在我对沟通力进行深入研究的时候，发现了一个可怕的现象：职场中，我们大多数人身上都存在着沟通漏斗。什么是沟通漏斗？比如说，你心里想的是100%，说出来却是80%，别人听见的只有60%，别人听懂的只剩下40%，到最后别人记住的就只有20%了，这就是沟通漏斗。沟通能力越差，漏斗漏掉的信息就越多。

沟通中的漏斗效应

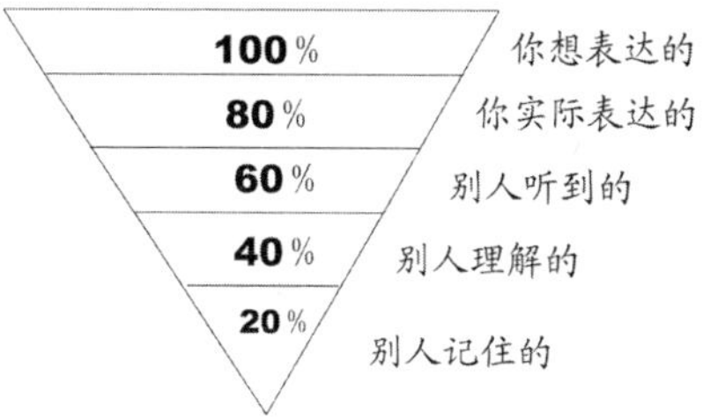

五星人格

我在研究五星人格的过程中，发现五星人格理论对一个人的沟通能力有很大的促进作用，它可以帮助一个人有效地提升自己的沟通力。因为了解了五星人格理论，就会知道自己或对方的人格模式，既能以适合对方人格模式的话语展开交谈，有效地进行攻心，又能在职场生涯中不断发扬自己的长处，好钢用在刀刃上。

由周星驰和罗家英主演的《大话西游》是众多影迷心中的经典港片，剧中罗家英扮演说话啰唆、喜欢唠叨的唐僧（水星人），周星驰扮演说话直接、简单的孙悟空（金星人）。两人在剧中多次因为沟通不畅而引发冲突。

比如下面这个被众多影迷铭记于心的经典桥段。唐僧对悟空说："悟空你也太调皮了。我跟你说过，叫你不要乱扔东西，乱扔东西这么做是不对的。你看，我还没说完，你把棍子又给扔掉了，月光宝盒是宝物，你把它扔掉会污染环境。唉！要是砸着小朋友那怎么办？就算没有砸着小朋友，砸到那些花花草草也是不对的呀！干什么？你想要啊？悟空，你想要的话你就说话嘛，你不说我怎么知道你想要呢。虽然你很有诚意地看着我，可是你还是要跟我说你想要的。你真的想要吗？那你就拿去吧。你不是真的想要吧？难道你真的想要吗……"唐僧的话还没听完，孙悟空已经捂着耳朵抓狂了。

悟空受不了唐僧的啰里啰唆，他能听进去多少呢？

2. 有效沟通三步曲

（1）观察、分析对方的人格模式

如果你是一名管理者，那么你的沟通水准，在很大程度上决定了你的管理水准。我给很多企业高管做培训时，发现很多管理者最为头疼的事情都是难于和下属沟通，本来自己是好意，但说出来的话却不是下属喜欢听的或者很难说到下属的心坎上。出现这种状况的原因很简单，管理者不了解下属的人格模式，自然无法和对方展开有效的沟通。

引发沟通障碍的三要素

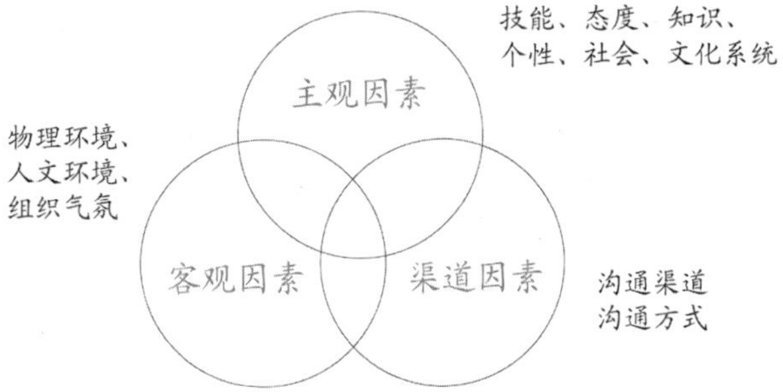

比如，金星人格模式者喜欢当面沟通，他们的语言表达模式就是要简单直接，并且多为肯定、命令的语气；木星人格模式者喜欢思考和分析，不喜欢太随意的沟通方式，最好是条理清晰的书面沟通；火星人格模式者乐观幽默，不喜欢太过严肃

的沟通方式。如果你不知道彼此的人格模式，沟通时，金星人的语言太过直接就很容易伤害到水星人，但水星人的含蓄委婉就很容易让喜欢直截了当的金星人抓狂，火星人的洒脱随意又会让木星人头疼。这就是五星人格和沟通力之间存在的内在关系。

那么，如何判断交谈对象的人格模式呢？这就需要我们在平时的职场生涯中多观察，通过对每个人的做事风格、言行举止进行了解和分析，得出其人格模式，进而采用其喜欢的方式与其沟通。如果沟通对象是你并不熟悉的同事，那么就需要我们快速判定对方的人格模式了。判定方法如下图所示：

快速判定对象是什么人格

金星	火星
音量高 气场强 节奏快 说话直	话题散 语速快 动作频 色彩繁
话简洁 语速慢 音低沉 表情酷	喜聆听 话委婉 性柔和 不强势
木星	水星

（2）针对不同人格模式采用相对应的沟通方式

无论你在职场处于什么职位，无论你的沟通对象是谁

（同事、领导、其他部门的同行、客户等），只要你分析出交谈对象的人格模式，并按照对方的喜好采用合适的沟通方式，那么你的沟通能力一定会得到显著的提升，你与对方将会有一场愉快的交谈。

【金星人沟通模式】

简单明了：用明确的语言给他指引方向，让他知道做这件事对他的好处；说话中要给他很肯定的感觉，不要怀疑他或不放心；直接说明不要拐弯抹角、请他记录彼此沟通的内容。

小赵在培训中的分享："对我帮助最大的是一个德国上司，他的领导魅力在于他很懂我们需要什么。他给我授权，支持我的新想法，而且能现实地看待问题，识时务。我是市场总监，在北京，他在德国，我们靠电子邮件联系，很少通电话。曾经有个大项目，各家公司都拼命争取，竞争激烈。我将项目资源利益分配的状况、争取项目的实施过程、获利空间，用电子邮件清晰地呈现并发送给德国上司。他五分钟内就回复了，并且将我需要的相关支持都做了安排。终于签下了这个项目，引来了大量其他相关业务。我们之间有着高度的互相信任，说话明白坦诚，直奔主题。"对于外国人，一样可以用五星人格模式进行分析，这个德国上司很明显是金星人加木星人，处理工作事务果断、严谨、高效。在他们面前，要提起十二分的精力全力以赴，别想靠马虎蒙混过关。

【木星人沟通模式】

有理有据：对他们要讲明事情的“理由”；他们凡事不喜欢仓促，要给其准备的时间；他们喜欢书面沟通，并配以事实、数据、图示、符号、附件说明等。

小李在培训中的分享：“有一次，我为一家企业作团队诊断，部门经理不约而同地提起了对总经理的意见：总经理不喜欢口头汇报，凡事都要写成书面文档呈交。他们说这样一来浪费了很多时间，本来三言两语就可以解决的问题，非要琢磨措辞。而总经理说得也有道理：书面的东西说明你是深思熟虑过的。还有一位经理也说自己只相信书面交流，喜欢在电子邮件里一条一款讲清楚。可是，很多人不喜欢写书面文字，宁可一天几个电话打来问。”

如果遇到比较重要的合作洽谈，和木星人最好的沟通方式就是书面交流。清晰、深刻的文字会让木星人一下子就对你产生认同感，进而认同你带来的产品。

【水星人沟通模式】

心平气和：不要强势地与他沟通，沟通中运用一些温馨的语言、可以聊聊天再进入主题、交代任务不要一次太多；让他知道你会协助他、经常询问这件事情的进展；让他知道在沟通中不要有所忌讳。

我刚到这家店的时候，顶头上司是我所有上司中最难相处的一个。她可能是金星人，常常指责我，让我觉得自己不够好，所以当时感觉很糟糕，觉得自己怎么努力也不行。而且，她对我不放心，总在我身边指手画脚，让我按她的要求这样做、那样做。那一年多我真是痛苦，每天都不想去上班。后来，她调到别的分店去了，我挺开心的。后来，又来了一个新的主管，她对员工很体贴。有一次，我匆匆忙忙跑进店里，她一点都不责怪我，反而说："你平时从不迟到，正担心你呢！"这让我感到关心的温暖。她还总是对我说："我要是多几个像你这样的员工就好了！"在她的鼓励下，我的胆子越来越大，甚至有超能量的发挥。

【火星人沟通模式】

晓之以情：先聊轻松的话题再进入主题、运用感性的方式进行沟通；对于事情就事论事不责骂当事人、给他赞扬及鼓励；多运用一些肢体语言、可到热闹的场合进行洽谈。

据说阿里巴巴集团有一个内部规定：新员工进公司后，如果在试用期间没学会"倒立"，是不能通过转正的。有一次，我在开展培训的时候听说在场的有一位是阿里巴巴的员工，便请他说说是否真有其事？没想到他大方地说："是的，我来表演一下！"结果他到台上，在众目睽睽之下，双手一撑地板，身子腾空而起，倒立了三分钟，在大家的掌声中重新站起来。他介绍说："为什么要学倒立呢？就是让我们学会逆向思维，从另一个角度看问题！”

对于火星人来说，这种寓意深刻却具有身体表演性质的企业文化，能带来深入人心的影响。

【土星人沟通模式】

与土星人沟通，要兼顾理性与感性，学会表达目标，又要关注细节。多听他们的建议，因为有人文关怀又理性思考的土星人，往往能给出多维度的看法与建议，有时虽然有点自相矛盾，但不失为一种全新视角。土星人原则性不太强，一般是个好听众，又善于思考，不会主动打断你，但当他要说话时，请闭嘴，认真聆听。土星人表面看起来接近“水星 + 火星”人格模式，但他们的内在有目标有想法，思维缜密。所以，与土星人沟通要有智慧！

上面这几种方法虽然简单，但是有很大的适用范围。也就是说，不管你的交谈对象是你的同事，还是你的领导抑或客户，你都可以根据他的人格模式采用相对应的交谈方法，绝对比盲目地沟通效果要好得多。

总之，五星人格不仅可以帮助你快速确认对方的人格模式，还能够帮助你快速找到双方的交集与互动点，为你们能有一场顺畅、和睦的沟通创造有利条件。

当你能够娴熟地运用五星人格为你的沟通力服务时，你就会发现你的沟通力有了显著的提升，那些阻碍你人脉扩展、自我价值提升的障碍也会统统消失不见。因为优秀的沟通能力是你纵横职场、实现自我目标的利器。

（3）巧妙恰当的语言让沟通事半功倍

再比如说，管理者想通过沟通激励下属，那么就需要采用不同的语言方式来和不同人格模式的下属展开交流。

【激励金星人】

我发现你设定目标后就勇往直前；你自己处理事情的能力真强；你只要下定决心，就能做好许多事情；你一直是个大赢家；你很清楚自己要什么，而且会努力完成目标；我真钦佩你的勇气；我喜欢你总是诚实地把感觉说出来；面对问题，你很快就能找出解决方法。

【激励木星人】

你是个特别有原则的人；你会坚守自己心中的信念；你做事尽心尽力，会把事情做得完美无缺；你是一个高标准的人，我非常放心把事情交给你做。

【激励水星人】

你是位非常棒的合作者，同事们都很喜欢与你相处，与你相处让人觉得很舒服；你富有耐心，总能坚持到底；你是个很好的倾听者，有你在我感觉自己特别受重视。

【激励火星人】

我喜欢你热爱生命的态度；我总能看到你充满激情地投入

到工作中；你积极乐观的态度常常影响身边的同事；有你的地方就有欢乐；你是我们的开心果；你的想法常常让我们眼前一亮，真的太棒了！

五、五星人格与精准营销

“不做总统，就做销售员。”这句话一直是销售行业的经典名言。它形象地说明了销售是一项伟大又富有挑战性的职业，也正是这句经典名言激励了无数人义无反顾地投身到了销售行业。

但是，任何行业都要遵循优胜劣汰这一规则。所以，一部分人通过自己的努力、智慧成为了伟大的销售员，获得了可观的财富和极高的社会地位。但是，更多的人却因为“技”不如人，最终沦落成平庸的销售员，甚至被这个行业所淘汰。

如何才能成为一名优秀的销售员，如何才能锤炼出过人的行销力，这是每个失意的销售员心中永恒的问句。众所周知，销售的过程就是销售员和客户斗智斗勇的过程，是双方你来我往的拉锯战，如何才能在这场战争中获胜，成功拿下客户的订单？很简单，知己知彼方能精准营销。

销售员只有了解了客户的各种性格特征，才能有针对性地确定销售方案和销售语言与方式，这样才能最大限度地提高签单概率。如何才能了解客户的各种性格特征呢？如何才能明确客户对什么样的销售方案和销售语言与方式感兴趣呢？利用五星人格来解决这些问题无疑是最好的选择之一。

而要达成这一目标，首先需要我们能深入了解五星人格的理论和知识，明确每种人格模式者的优点和盲点，这样我们才能有针对性地区别对待不同人格模式的客户，从而制作出对方感兴趣的销售方案和销售语言与方式。

下面，我简要地给大家讲一下如何有针对性地向金星人、木星人、水星人、火星人四种人格模式的客户开展销售工作。

销售成交流程

1. 性格解析—进入顾客状态进行性格模式解析
2. 环境解析—对客户周围的决策因素进行破解
3. 确定目标—根据掌握的情况确定谈判目标
4. 超值塑造—对自我及产品进行超值塑造
5. 谈判说服—运用教练技术倾听区分回应说服

【金星人客户】

金星人客户最需要的就是“尊重”，那么面对这种人格模式的客户时，你首先必须让金星人客户感受到自己是受到尊重的。另外，金星人客户喜欢占主导地位和自己做决定。所以，最好不要帮金星人客户擅做主张，可以尝试着给他些选择，给他自主选择权和控制权，让他享受做决定的快感。

金星人客户在购买产品或服务的过程中，往往说话直接，态度强势，声音及气势会给销售人员很大的压力。他们有时候的表现过于激进，不但咄咄逼人，可能脸部表情也不会好看，同时如果心里不爽，可能会立即反应要求解决，不会隐藏在心中，例如，“把你们主管叫来”“我要请律师来处理”，但又不愿意配合处理顾客抱怨的固定程序，如在告知申诉途径、填写表格时显得没有耐心。

在销售过程中，金星人喜欢快节奏的服务，以便节省时间，省去不必要的手续，或者希望你能帮忙代劳填写琐碎的程序。当他提出建议时，希望能得到你的立即改善。

销售员在向金星人客户推销产品时，首先要跟上金星人客户的语言速度，说话要简明扼要，专业自信。其次，要直接切入重点，不要花太多时间在技术细节上，金星人客户要知道的是产品对他有什么好处，而不是怎么使用。

如果到金星人客户的办公室去拜访，要多赞赏金星人客户，如果不知道赞赏哪方面，不妨借助你在其办公室看到的书籍、报章、杂志、奖杯、奖状等物品来引出赞赏话题。如果金星人客户一直拒绝你的拜访，不要怕，勇敢地向前冲，再接再厉，金星人客户会因此产生“英雄惜英雄”的情感，觉得他应该帮助你。

最后，不要忘了金星人客户喜欢创新，喜欢变化，有更好的新产品时不要放弃再次推销的机会。与金星人客户一旦成交，你就可以得到他的信任，他会主动为你介绍客户。

【木星人客户】

木星人客户是个理智的消费者，只会购买有用的产品或服务，所以你想让他头脑发热买一些不切实际的产品是不太可能的。木星人客户是非常会精打细算的，即使他可能对这个产品或服务的价位已经了如指掌，但持家有道的木星人客户是不会让自己口袋里的钱白白地浪费的。同时，木星人非常能沉得住气，他们非常愿意花时间静心、仔细地阅读说明书、产地、配方等，再根据需要挑选最有利的产品。销售员最好能够为他们提供与产品或服务有关的各种资料，这会更容易赢得木星人的信任。

木星人在购买过程，不会像金星人客户那么直接表达自己的喜好，也不喜欢听从别人的意见。爱思考的木星人，心中自有一堆想法。他们面对产品时的第一反应就是“这东西靠谱吗?”然后，针对这个疑问开始步步追问，并希望得到解答。只有解开了心中所有的疑惑，他们才会决定是否购买。所以，销售员要用数据和可靠的记录说话，尽可能排除他的疑虑或困惑。

销售员面对木星人客户时，首先要表现得专业自信，在语言上要多用肯定的词语，避免使用可能、大概、或许等词语；其次，如果木星人客户太注重细节或纠结细节，你可以用你的服务记录或客户例证等方式让他放心。如果能够提供免费试用、不满意退货等强有力的措施，这些都有助于木星人客户做出购买决定；再次，销售员在销售过程中切忌操之过急。木星人客户的精确及心思缜密的风格会让销售过程比较缓慢，但如果销售员操之过急，会让木星人客户产生更多的疑问，这非常不利于签单；最后，木星人客户很害怕被批评，这会让他们的情绪冷到极点。所以，销售员要给木星人客户面子，多认同他们，千万别说“这个问题太简单了”诸如此类的话，这会让木星人客户会觉得你是在嘲讽他。

【水星人客户】

善解人意、温柔随和的水星人客户，最需要的就是安全感。在销售产品之前，销售员应该先取得水星人客户的信任。比如，当水星人客户购买产品时，你要明确地告诉他，他是可以放心使用的。

水星人客户特别害怕冲突与尴尬，他不会在公开场合与人争论。所以，千万别认为水星人客户不说话，你就觉得自己说服了他，要知道他只是不愿意跟你起争端。不要与水星人客户形成对立的局面，他不会对你说“不”，但并不代表他接受。

极富爱心的水星人心中装的都是家人和朋友，常常舍不得为自己花钱买东西，但他们特别愿意为家人、朋友花钱。所以，水星人客户不一定会为自己购买产品，那么你可以从其为家人、朋友的角度鼓励给他们购买。

在销售过程中，销售员首先要对水星人事事都要征求其他人士意见的行为表示极大的肯定及耐心，并告诉自己能理解他货比三家的慎重行为。同时，当水星人客户有问题时，销售员要耐心地听他倾诉，并告诉他，他不是造成问题的主因，并及时承诺他这些问题会很快得到解决或者减少。此外，水星人在购买过程中，最纠结的就是成交阶段，他们常常会拖延时间甚至不了了之。此时，销售员要表现出极大的耐心，千万别太强势或咄咄逼人。总之，只有尽可能为其提供安全感，才能最大限度地赢得他的信任。

其次，千万不要欺骗水星人客户，因为你是很难骗过他的。水星人常常喜欢货比三家，甚至会在购买前多方打听该品牌的口碑、质量等。所以，如果你想欺骗他，他会在第一时间识破。

最后，水星人客户一般都是很忠诚的客户，他们不喜欢改变，一旦认定了你，今后都会成为你的主顾。但销售员不要觉得对方忠诚就减少了自己的服务步骤或者服务质量，而要更加精益求精，这样才能保证即使竞争对手的价格比你的更低廉，水星人客户仍然会忠诚于你。

【火星人客户】

对于以人际关系为导向的火星人客户来说，与他们建立良好的人际关系无疑是销售过程中最重要的。这就要求销售员在交流过程中尽量把商业气息降到最低，最好能以朋友间的交谈方式与火星人客户展开对话，只有先与其建立轻松愉快的关系，才更容易获得订单。

火星人本身喜欢表达，擅长沟通。他们个性大多单纯真实，不喜欢被人欺骗，所以如果产品有些瑕疵，你能据实以告反而要比遮遮掩掩更能赢得他的信任。火星人的话比较多，在与他们沟通时，销售员要学会当个聆听者，多给他们肯定、赞扬，他们的情绪就容易高扬，也更容易激起他们的购买欲。先和火星人交上朋友，带着向朋友快乐地分享一样好东西的心态去介绍产品，即使火星人暂时没有购买，友情在，以后还有机会。

火星人特别外向，情绪也容易多变。在销售过程中，销售员要多观察火星人客户的情绪，要跟随着他的情绪运用不同的语言方式。当他们感觉好或不好时，他们的表达会变得过于热情或激烈，所以销售员的承受能力一定要强，不能表现出不耐烦或很讶异的表情。当他们情绪波动很大时，销售员要学会冷静处理。冷静处理不是对他们不理不睬，火星人最忌讳的就是没人理他们。同时，销售员还要时刻注意自己的声音、肢体动作，最好能始终保持温暖、周到的服务和笑容，不要给火星人客户沉闷或不耐烦的感觉。

此外，销售员最好能将销售场合营造得尽可能浪漫、新奇一点，这样会让天性浪漫的火星人有一个好心情。成交后，销售员可以主动向火星人客户赠送一些新的流行用品或新奇的纪念品，这样会让他们觉得很浪漫，自然也会更加信任你、青睐你，并会帮你介绍其他客户。

【土星人客户】

土星人客户像“变色龙”，会根据环境和心情的不同呈现不同的人格模式。作为销售人员，应先察言观色，根据自己感觉到的客户人格模式进行相应的接待。比如，当你判断一个客户具有金星人格模式，不管客户是金星人还是土星人呈现的金星人格模式，都可以参照前面介绍过的人格模式来相对应地进行产品介绍和业务营销。

总之，销售是一项非常伟大的工作。在开展这种工作时，你是哪种人格模式并不重要，重要的是你是否能够快速准确地识别出客户的人格模式，并结合客户的人格模式有针对性地开展销售工作。当你能够娴熟自如地应对不同的人格模式的客户时，你的销售能力就会得到很大的提升。更重要的是，你的人格模式也会在潜移默化中逐渐向土星人靠齐。

六、历史人物的人格图谱

泱泱中华五千年，在这段璀璨的历史长河中，诞生了无数的英雄人物。他们有的才识过人，有的武艺超群，有的艺术天赋空前绝后，有的上知天文下知地理……总之，有了这些古代先贤的存在，我们泱泱中华才有了精彩纷呈的历史和典故，才让我们后人有了津津乐道的谈资和话题。

而在这泱泱五千年历史进程中，三国时代无疑是最引人注目的一个时代。这是一个群雄逐鹿中原、风云变幻、沧海横流、英雄辈出的时代，历史上最精彩的故事、最出色的人物、最经典的演义都出自这个时代。可谓江山如画，一时多少豪杰。比如，曹操、刘备、孙权等。

而在这一时代，最为引人注目的要属蜀汉集团了。蜀汉集团的核心人物是刘备、关羽、张飞、诸葛亮。这四位人物的大名相信每一位中国人都无比熟悉。

刘备，乍看起来是个只会哭哭啼啼的无能之辈，实际上他绝对是个协调高手，尤其是在手下人都是各行各业的高手的团队里，刘备的协调才华可谓发挥得淋漓尽致。他用感情维系着团队，让每个人都能认识到自己的社会价值，并为此而奋斗。

关羽，他首先给的人第一印象是非常重感情。在他风度翩翩的外表下却有着一颗容易冲动的心，他曾经因为重感情在华容道放走了蜀汉集团的“天敌”曹操。如果当初他没有放走曹操，那么中国的历史就会改写。关羽一直是蜀汉集团中攻城拔寨的中流砥柱，他不仅帅气、能力强，还重义气、重感情，是个“高大全”的英雄，他的个人魅力和影响力为蜀汉集团增分不少。

张飞，给人的第一印象是不折不扣的莽汉，他是个行动派，永远都是做了再说、冲在最前面的行动派风格。他直来直去，目的明确，但由于太过冲动，难以独挑大梁，他的主要工作就是攻占某个城池或打败某支队伍，所以他的目标专注力和执行力都是一流的。

诸葛亮，他是蜀汉集团的军师，他的职能是全盘管理和规划，事情无论大小都要由他来定夺。他的主公刘备采用的是“无为而治”的管理方式，所以他也只能大小事务一肩承担。而他的完美主义则是导致他最后“鞠躬尽瘁，死而后已”的根本原因。

诸葛亮虽然不是蜀汉集团的创始人，也不是三国时代最有权力的人物之一，但他无疑是三国时代最具传奇色彩、知名度最高的人。我们或许不知道曹操字什么，不知道刘备字什么，但一定知道诸葛亮字孔明。

下面，我们有必要多用一点笔墨来分析一下诸葛亮这个千古人物。

诸葛亮，字孔明，中国三国时期蜀汉丞相，是中国历史上著名的政治家、军事家、散文家和发明家。诸葛亮青年时耕读于荆州襄阳城郊，地方上称其“卧龙”“伏龙”。受刘备“三顾茅庐”的邀请，出山辅佐刘备，随刘备转战四方，建立蜀汉政权，官封丞相。223 年刘备死后，刘禅继位为蜀汉皇帝，诸葛亮受封爵位“武乡侯”，成为蜀汉政治、军事上最重要的实际领导者。他是中国传统文化中忠臣与智者的代表人物。

诸葛亮曾经舌战群儒，以高超的语言沟通表达能力，令东吴谋士哑口无言，令人折服。整个过程中，诸葛亮在东吴诸儒的诘问中从容应对，纵横捭阖，游刃有余，使东吴谋士“尽皆失色”，真可谓三寸不烂之舌能抵百万之兵。其娴熟的论辩技巧令人折服，堪称经典，值得当今习此道者深味。

诸葛亮除了谈笑风生外，还是位能专心研修的发明家。特别是在技术上的发明，如最著名的木牛流马的设计与运用，改良连弩就更不用说了，还有馒头等食物的发明，都与诸葛亮有很大关联。同时，他在兵法上的突破也是成就显著，如“八阵图”等，备受世人推崇。

然而，诸葛亮用错了马谡致使街亭失守。从此，我们可以看到诸葛亮虽然聪明盖世，也有优柔寡断的时候。但是，到了最后诸葛亮为了大局，还是将马谡斩首示众。

诸葛亮的一生都在运筹帷幄，但终究在四种人格模式的适时转变过程中“鞠躬尽瘁，死而后已”。由此可见，他不愧是万里挑一的木星人格！

刘备虽然擅长收买人心，但自身的一些缺点也导致其很难成为无可代替的人。比如，他奖罚不分明，做事缺乏原则难以树立权威。此外，做事不够客观公正，喜欢搞小圈子，这也让他很难吸收其他有抱负的人。所以，他的人格模式和水星的特质最相似。

关公是个很重情义和信义的爽朗之人，但他死要面子不要里子，为了担当自己的忠义之名，不论做什么事情，都顾虑太多，这往往让他把握不住全局和重点，也因此造成了其大意失荆州的千古遗恨。所以，他的人格模式是火星。

张飞从不关注下属的情感需求，听不进下属的意见，还打骂下属，更谈不上包容下属，所以他的下场是最可悲的，不仅没有实现战死沙场的心愿，反而被叛变的下属斩头而亡。显然，他是金星的典型代表。

三国人物星格图谱

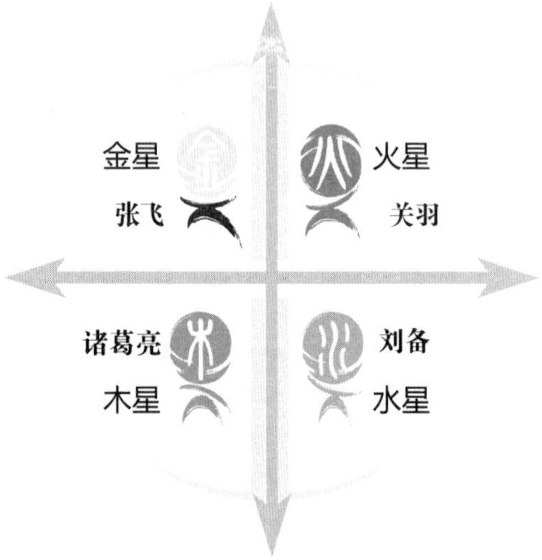

通过对以上蜀汉集团核心人物的人格模式分析，我们可以得出这样一个结论，当他们各自为政时，往往会暴露出很多致命的缺点和不足，这也是在这个团队核心成员一个个死去后，蜀汉集团日益走向式微的根本原因。

而当他们精诚团结在一起时，由于人格模式的互补作用，使得他们成了三国时代最具竞争力的团队，也是最具特色的团队。

所以，没有完美的个人，但可以打造完美的团队。

Chapter 3

第三章
五星人格赢在职场

五星人格作为协助大家认识自我、了解他人的心理工具，在诸多领域已得到越来越多的关注和应用。五星人格聚焦职业发展，重点分析每种人格的个性局限与提升方向，点评五种职场人的职场案例，以帮助人们最直观地感受、洞悉自己的优势与局限，并了解他人的性格特点，建立更强大的人脉圈。

一、职场中的金星人格

每个民族自己的文化，又把自己置身于一定类型的文化环境中。人类文化是指全人类创造的文化，它是形成人性的决定性条件。民族文化是一个民族世世代代积累起来的，它陶冶着一个人的民族性。例如，说德国人冷静、日本人勤奋、法国人热情就是指的民族性而言。每一文化都试图塑造它所崇尚的人格特征。每一文化为了使自己延续和发展起来，都崇尚它所需要的人格特征。爱斯基摩人生活在冰天雪地的北极，以渔猎为生，需要坚定、独立、敢于冒险的性格。他们以仁慈宽大的方式管教孩子并鼓励他们个性化，以培养出成人所具备的人格特征。所以，不同的环境培养了不同人的人格体质，职场亦是如此。

五星人格，并非来自于神秘学，虽然我们用的是金木水火土作为不同人格模式的象征性名称，但它更多的是来自于人格心理学、行为心理学、认知心理学和统计学的结合。它是我这10年以来不断摸索、不断探索、不断认识自己、了解自己、理解自己，和了解他人时产生的一套非常行之有效而简便的测评系统，可以让我们更好地看到自己内在的自我与外在的自我之间的关系。

五星人格

有一句话："性格决定命运。"在职场中，不同的性格模式决定了你所处的位置，你所能前进的方向和发展的进度。在职场中，对职业生涯最有影响的几个要素如下：

1. 领导力与人际关系。
2. 战略眼光。
3. 沟通技巧。
4. 商业管理技能。
5. 专业技术与经验。

可以说，每个因素都与性格模式有关。五星人格理论分析职场不同人格模式的优劣，帮助大家做到"知人者智，自知者明"。我们来详细地了解在职场中不同人格模式的优点（长处）和盲点（短处），寻找对策，无论是了解自己还是沟通他人，在职场中都能左右逢源。

金鑫从小到大一直都是个知道自己要什么，并努力争取的人。在厌倦了枯燥的IT设计员工作后，他决定转行，跳槽去一家世界500强公司A企业做销售员。虽然知道自己的专业和销售工作并不符合，但他告诉自己：做人必须要冲，不试试怎么会知道结果呢？况且，A企业在全球都是知名的高薪企业，企业福利良好，基层员工的年薪都在20万左右，刚刚进入企业两三年的员工，大部分的年薪都已经突破了30万元。

金鑫到达A公司，顺利见到了人力资源部的女总监。面试正式开始后，女总监开门见山地问道："金鑫先生，请问你为什么来 A 公司，公司的哪一点最能吸引你？"

金鑫回答道："我觉得贵公司是很真诚的公司，尊重员工的方式很特别，强调贡献的同时，也给员工足够高的薪水。我承认这是吸引我的原因之一。我看重薪水，但是我更重视对公司的贡献，我理解贵公司的文化，我是一个愿意投入全部精力的人，我深切地希望能够成为贵公司的员工。"

"你很坦率，金鑫先生，你的简历说明了你一贯的做事风格，也就是积极主动，在学校办过很多的集体活动，能够组织团队完成任务。你打算应聘成为我们公司的销售员工，你打算怎样去工作？"这位女总监继续问道。她的态度不冷不热，这也许不会给人更多的心理暗示。

金鑫说："我是一位 IT 技术工程师，这是我的专业，我知道 A 企业有浓厚的技术文化和工程师文化氛围，但我在这里想做一个销售员。我想做一个顾问式和专家式的销售员，我希望在我的岗位上能够将项目做得更加专业，给客户留下一个好印象。我不仅仅要成为一个最好的技术工程师，也要努力成为一个最好的销售员。"

女总监脸上流露出一丝少有的笑意，她说："你很自信，也很勇敢，我欣赏你身上的优点。"接着，她又问道："如果你被录用，打算如何跟同事相处？"

金鑫说："我虽然没有工作经验，但是我带人的经验是从小到大一直在训练中的，我知道自己好胜，但是我在带人的时候，我知道他们是怎么想的。反过来，我成为一名基层的员工，我也知道怎么去跟自己的上司合作。"

"请你说说你的工作风格，好吗?"女总监询问金鑫。

"总监，我是一个重视贡献的人，对任何事情都是有目标的，我能够当机立断地做出决定，我还会遵从领导的决定，将事情做得有始有终。有话直说是我的特点，这也许是个问题，但我一定会注意自己的方式。而且，我能够在工作中全力以赴。"金鑫顿了一顿，继续说，"如果我能够在贵公司工作，我将更注重人际关系的互动，接受监督，虽然我喜欢通过自己的方式来完成工作，但我一定会在公司的规则和文化范围之内做事。"

金鑫和女总监就这样谈了一个半小时。在整个洽谈过程中，女总监对金鑫的表现非常满意。在面试结束后，女总监说："欢迎你加入我们公司，接下来你将成为一名试用员工。"

在试用期，金鑫非常努力，每天像上足了发条的机器一样不知疲倦，一心扑在工作上，并且顺利通过了试用期。如今三年时间不到，金鑫就凭着自己如推土机一样的工作劲头和敢啃硬骨头的胆识，创造了诸多令人羡慕的业绩，并顺利地实现了自己的目标——成为销售部的主管。

1. 金星人的职场优势

五星人格职场面面观

金星职场特质

- 为目标不怕压力，期待工作充满挑战；
- 以获取更大权力、更高薪酬为工作动力；
- 追求自由、不受约束的工作环境。

金星适合从事工作

管理与开拓类工作：

- 政治家、企业高管、律师；
- 市场营销、业务主管；
- 创业者、自由职业者。

目标明确

拿破仑曾说：“不想当将军的士兵不是好士兵。”这句话被很多金星人当成自己的座右铭。金星人是天生的领导者，他们有着很强的支配欲望，所以，他们在职场中很强势，团队在他们的领导下，往往很容易出成绩。

由于金星人的目标性很强，擅长把握宏观大局，喜欢挑战，所以他们常常会为了获得更大的成功、攻克更大的难关、实现更高的业绩、坐上更高的职位、夜以继日地工作，以一种快节奏的方式向着目标迈进。也就是说，强烈的上进心和明确的目标会让他们成为职场中的强势群体。

目标导向的金星人，注重实际利益、权力、地位。他们的职业规划，可以简单地归纳为金钱和地位。加上他们是行动派，有想法就行动，并乐于挑战，所以他们更容易获得事业上的成功，成为威风凛凛的领导者。

金星人通常会用口号式的句子提出自己的目标，比如，我提出的："让1000万人通过五星人格系统认识自己、了解自己。"再比如，有个公益机构的创始人提出："让500万个孩子有自己的班级图书角。"

有魄力的金星人对数字特别敏感，尤其是出现在预设目标上的数字，这往往是令人咂舌的天文数字，然而，在金星人的不懈努力下，奇迹往往会出现。

迎难而上

当金星人来到一个新的工作环境时，他们不仅不惧怕新工作和新环境的压力，反而更加精神抖擞、斗志昂扬，他们迫切地想大展一番身手。对于金星人来说，压力就是动力，就是挑战，接受挑战是他们最喜欢的事情。他们从不怕压力，且非常善于将压力转换为动力。他们特别希望通过工作体现自身价值，获得周围的人，尤其是上司的认可。他们往往会把遇到的困难看成是考验，甚至是对自己能力的证明，相信努力一定会带来提高。

1860 年，林肯当选为美国总统。然而在此之前的 30 年中，他经历了无数常人难以想象的失败：1832 年，林肯失业了，但他下定决心要当政治家，竞选州议员。糟糕的是，竞选失败了。接着，林肯着手开办自己的企业，可不到一年，这家企业又倒闭了。在以后的 17 年间，他不得不为偿还企业倒闭时所欠的债务而到处奔波，历尽磨难。随后，他又经历了未婚妻去世，还有一次又一次的竞选失败，据统计，他一共竞选失败 11 次。林肯一直没有放弃自己的追求，无数的失败只会让他越挫越勇。在当选美国总统之后，他面对重重危机，依然不畏困难。

铁腕手段

在生产型企业里，铁的制度与纪律的确必不可少，管理者没有妥协的余地。而且，金星人作为管理者，铁面无私的威慑力有时比一味的亲和力带来更直接的效果和凝聚力。

企业家张少林就是一个具有铁腕手段的管理者：

公司有两个楼道，一个允许抽烟，另一个禁烟。然而，在禁烟的楼道里到处都是烟头和烟灰，还有烟头在墙面上烫出的痕迹。这说明有人无视纪律，在禁烟楼道抽烟。一看到这种情况，张少林立马让部门负责人将所有抽烟的人叫来开现场会。

同时，他还在允许抽烟的楼道添置了大烟灰缸，一旦发现烟头乱扔，与在禁烟楼道的抽烟者一同处罚。可是有一天，他又看到两个人在禁烟的楼道抽烟，当即把名字记下来交给部门经理。结果发现这两人还是小组长，于是加倍处罚。当时好多人都在场，无论是否抽烟，都感受到了张少林奖罚严明的风格，说到做到，绝不手软。现在，不仅楼道干净，其他各项规章制度执行起来也顺畅多了。

2. 金星人格职场盲点

不拘小节

不过，由于追求速度和结果，金星人常常表现得勇猛有余而耐心不足。比如，金星人在职场中做事常常缺乏必要的规划，不重细节，一有想法就果断行动，很难做到先规划后行动。他们认为机会总是转瞬即逝，唯有快速才能抓住机会。这也常常导致他们由于忽略了行动过程中的某个细节而功亏一篑。

【对策】冷静 24 小时。当金星人脑子里冒出一个绝妙的主意时，不妨将这个点子写在一张纸上。如果不是很紧急，等 24 小时之后再来看看这张纸上的点子。这时候，激情和冲动过去大半，冷静地看待新想法，也许就能发现其中的漏洞，有充足的时间去思考，培养谨慎的品质。

有一个学员，说他的上司是明显的金星人，性子很急躁，他在下属汇报工作时不喜欢听细节，只想知道总体情况和最后结果。而且特别健忘，答应别人的事或者预计要安排的工作，只要一忙起来就忘了。如果有人善意地提醒，说不定还会暴怒，责怪别人干扰了他的工作。作为助理，这个学员为他做了很多记录，包括他们之间的交流，一旦有意外状况发生，这样便于回顾，而且减少了他们之间的许多误解。有时候，他会忘记自己分派下去的一大堆任务分别都指定哪些人做了，这个学员会给他做一个表格，写着每项事务他应该去找谁，每周更新，这样他就不会找错人了。最后，这个学员成了他不可缺少的助手。这个学员这么做，是因为他知道上司的人格特质，所以主动帮他想到容易忽略的事情。

工作狂人

金星人不仅自己是工作狂，由于具有强烈的目标驱动力，连带着下属和同事也要一起加快脚步，常常让整个团队像滚雪球一样，压力越来越大，弦绷得越来越紧，如果这种状况失控，某个环节就会出现“断弦”的悲惨状况。在北京地铁站猝死的天涯网站副主编金波，因为长期高强度的网络文字编辑采访工作，英年早逝，年仅 34 岁。类似这样高压之下骤然失去生命的各种案例层出不穷。

【对策】停下匆匆的脚步。工作不是生活的全部，我们不是工作的机器。在德国，即使再重要的生意洽谈，如果恰好遇到约定好的回家吃饭的时间，都要放下。严格遵循节假日不上班的规定，到了礼拜天，连商店都要关门了，商店的服务员说，我们是人，我们也要休息，要尊重我们的人权。德国人现在要的不是更多的收入，而是更多的自由支配的时间，这就是生活的质量。高质量的生活同样也能带来高效率的工作。

独断专行

金星人常常忍不住会这么说："要么听我的，要么走人!"他们缺乏倾听的耐心，没等别人把话说完就下决定，而且很少顾及他人内心的想法和感受。

【对策】适度妥协。我们常说"唱红脸""唱白脸"，就是既要有威严的一面，也要有适度的亲和力。妥协是一种成熟的能力。并不是直线最快到达目的，适度地有弹性地弯曲或许能弹跳得更高、更远。所以，你要学会说这些话："你还有什么想法?""我们再考虑考虑。""你已经做得不错了。"即便是违心的话，也不妨试着说一说，百炼钢化为绕指柔。

我有一个朋友是私企银行总监，一急起来事事亲力亲为，马上发邮件、马上直接找下属、马上投入计划……等不及把工作分派给别人。有一次，本来该让文宣部写篇材料，可是他等不及，直接自己写了发给老板。他喜欢给员工直接反馈，表现得好马上夸奖，做的不对的地方要求立即纠正，都等不到一周以后集中起来在公司例会上讲。这种“越轨”行为虽然能明显地提高效率，但是他和他身边的人都感觉工作很累、压力大，这种表现在银行系统中显得很激进。总裁让他慢慢来，他却对总裁说：“你上 Google 搜一搜，就知道我做过什么了。”言下之意，凭着他过往的业绩，所有人都应该相信他、迁就他。他不明白为什么自己这么努力拖着全体员工前进，却事倍功半。我建议他多听听别人的见解，即使不想按照别人说的去做，且先听听也无妨。

后来，他终于因为繁忙的工作而病倒了，不得不放慢了脚步，却发现少了他，公司似乎并没有受多大的影响，这让他痛定思痛，开始思考病好之后该如何改变工作方式。

3. 金星人格适合从事的职业

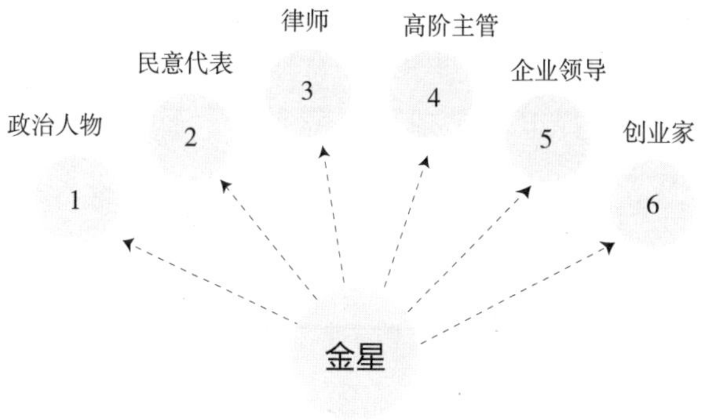

4. 职场典型案例：格力女皇董明珠

董明珠，绝对算得上中国商业史上的风云人物，尤其是在当代商业领域，她以一种近乎传奇的姿态被人们誉为销售女皇。作为一名毫无背景的女性，她的成功在被人们津津乐道的同时，让人们更加关注的是其强势、特立独行的性格。

我对董明珠的所有经历都进行过深入的研究和分析，当然，最为深入的是对其人格模式的剖析和研究。董明珠身上有着强烈的金星人格模式特征，她非常强势，会本能地将自己归为强者，时刻将主动权掌握在自己手中，因此她对自己、别人都要求很高。她在语言表达方面，语句简短，语气肯定，常常带有命令、指示的倾向。

以目标为导向的她，拥有超强的执行力，她像发动机一般，能产生源源不断的能量，驱使着自己永远向着目标前进。目标导向的金星人非常清楚地知道只有行动起来才能离目标越来越近，所以他们思考问题不容迟疑、做事雷厉风行，他们一直在用行动来捍卫和实现自己的目标，而且不达目的誓不罢休。

2013 年 12 月 12 日，央视举行了一年一度的“中国经济年度人物”颁奖典礼，在这场典礼上，董明珠因为一个插曲一下子成了整个典礼的焦点。这个插曲被称为 10 亿赌局。当时的年度人物大奖获得者雷军在和董明珠交谈时说："如果5年内小米的营业额能够击败格力，希望董姐能赔给我1元钱。"

谁知董明珠听了雷军的话后说："1元钱有什么意思，要赌就赌大的，谁输了谁就赔对方10亿元。"一语既出，震惊四座。董明珠轻飘飘两句话，就把赌注由1元变成了10亿，赌注翻了10亿倍，这份勇气与果敢实在令人佩服。也只有强势的她，敢如此"口出狂言"。

纵观董明珠的整个职场生涯，你会发现她创造的一个个传奇和她的金星人格模式息息相关。1990年，36岁的她南下打工，应聘到当时名为海利空调器厂的格力电器，成了一名基层业务员，而当时她连营销是什么都不知道。不过，她凭借着坚毅和"难缠"，连续40天追讨前任留下的42万元债款，令当时的格力电器总经理朱江洪刮目相看。

随后，公司又给了她一个非常难啃的硬骨头：在隆冬季节去没有一点市场空间的南京开拓市场。她又凭着强势的工作作风和推土机一样的拼搏精神，又神话般签下了一张200万元的空调单子。一年内，个人销售额上蹿至3650万元。

从最底层的业务员，一步步晋升为珠海格力电器有限公司总经理，董明珠只用了15年时间。2004年，美国《财富》杂志将其评为2004年全球商界女性50强。

她出过书《棋行天下》，有人曾说，董明珠不是"棋行天下”，而是“横行天下”，充满“霸道”。根据她的书改编的电视剧，董明珠不太满意，觉得女演员没演出她的霸气。她从不否认自己具有超越大部分男性的强大攻击性。“我就是喜欢斗，和谐都是争斗出来的。”在格力历史上几次重大的事件中她都扮演着“叫板者”的角色，比如与国美叫板，自谋渠道；和政府死磕，最终帮助格力电器收购格力集团；甚至为了争取格力与大金的合资公司的控股权，她亲赴日本，在大金空调社长面前拍桌子。

《金融时报》专栏作家露西·凯拉韦在对她的评论中说：“她说话爽快、惊人、出格，以至于我以为是个玩笑。”同时，外界对她的评价有：董明珠很倔强，只要她认为是对的，没有人可以说服她，即使成为众矢之的，她也不会退让半步；她可以和哥哥反目成仇，可以弃自己的职位不顾而和公司领导对抗，甚至不惜在媒体面前大谈公司领导的得失；董明珠很霸道，霸道得无论和谁谈生意，都时刻把主动权掌握在自己手里，为此，她不惜开除公司最大的经销商。

纵观董明珠的整个职业生涯，以及关于她的一系列描述和评论，她强势、自信、迅速执行的金星人格模式，可以用她的竞争对手的一句话来概括：“董明珠走过的路，寸草不生。”可以说，董明珠的成功与其金星人格模式有着非常重要的关系。她将金星人格模式中所有的优点都发挥得淋漓尽致。

当然，没有任何人格模式是完美无缺的。董明珠作为金星人，她也意识到了自己的弱点，所以她在完善自身的同时，也使自己具备了火星人格模式的某些特色。比如说，董明珠是个乐观派，在她的心目中，就没有办不成的事，只有办不成事的人，任何困难都是可以克服的，任何问题都是可以解决的。这一点也在格力集团遭遇到的几次大挫折中表现得淋漓尽致。所以，董明珠具有典型的金星人格模式。

二、职场中的木星人格

小森是一位典型的木星人姑娘。还在上大学的时候，她就是系里有名的洁癖者。她看不惯宿舍的乱，大一那会，晚上她看到地上有很多瓜子壳，不舒服，结果是半夜三点钟打开灯，将地上处理干净了，才睡得着。室友们理解不了这个事情，都觉得“姐们遇到奇葩了”，从那天开始，小森就被冠上了洁癖者的称号。

大学四年的时光一晃过去了，紧接着就到了面试找工作的时候。小森学的是工业设计，对造型设计和结构设计都比较精通，所以她打算去应聘一家中型广告公司的设计师。那天，有 A 和 B 两家公司通知她去面试。

五星人格

上午 8 点 55 分，小森准时到达 A 公司。前台将她安排在会客室等待。一进会客室，小森就皱起了眉头，前一天桌子上开会的杯子还没有拿走，有的人在开会的时候抽烟，烟头就扔在纸杯里。这一定是夜里加班留下的战场，没打扫，这家公司应该是一个加班成性的公司，而且管理不好，会议室乱成一团，资料摆放不整齐，说明资料管理混乱，白天工作的时候，肯定会出现满屋子找资料而浪费时间的事情。

窥一斑而见全豹，小森当即就觉得这家公司的管理理念和自己格格不入，自己很难在这家公司顺心地干下去。正想着，A 公司的黄总监进来了。双方做了自我介绍后，便开始了深入的交谈。

在交谈的过程中，小森仔细观察了黄总监：他留着大胡子，金鱼眼，个子不高，腆着啤酒肚，长头发扎着马尾辫，头上有很多头皮屑，穿的衣服也显得不伦不类。小森平时最不喜欢这类人，所以她顿时对这家公司失去了兴趣。面试结束后，虽然黄总监对小森很满意，但小森还是决定去别的公司看看。

下午两点，小森准时来到 B 公司参加面试。B 公司位于城市的核心区，是一家具有国际设计经验的工业设计公司，主要做产品造型和结构设计。公司装修得比较别致，整个公司分为两个区域，一边是中式的区域，一边现代时尚的区域。设计师用一个门廊将两个区域隔开，在这样的区域内，两种对建筑和生活方式的理解仿佛浑然一体。整个工作环境井然有序，一丝不苟，小森一下子就喜欢上了这家干净整洁的企业。

负责面试小森的设计总监姓张，是个平和的中年人，白皙的皮肤棱角分明，一件白衬衫，外套是一个深咖啡色的休闲西服。张总监对小森说："从你提供的资料看，你很熟悉工业设计这个领域，我是很欣赏你的。"

小森说："我是个细节主义者，我觉得细节是整体的一部分，所以如果我来做工业设计，既能够从整体的角度去思考如何做外形设计，也会努力用工程师的思维处理好技术细节。"

张总监笑了笑，说："是干工业设计师的料，不过女孩子做这个的还是比较少，也许女性在处理时尚产品方面更加有优势。定位在时尚产品设计领域，你觉得怎么样?"小森觉得可行。

由于双方对彼此都很满意，所以面试结束后，双方就达成了合作意向，第二天小森就可以来公司报到。工作后的小森非常努力，她精益求精、严于律己、追求完美的工作态度，使自己迅速地成为公司里不可缺少的优秀人才。不到一年时间，她就为企业设计出了一款近乎完美的产品，这款产品一经上市，立刻迎来了消费者的抢购。不到两年时间，小森就凭着优秀的业绩和敬业的工作态度被破格提拔为设计部主任。

1. 木星人格职场优势

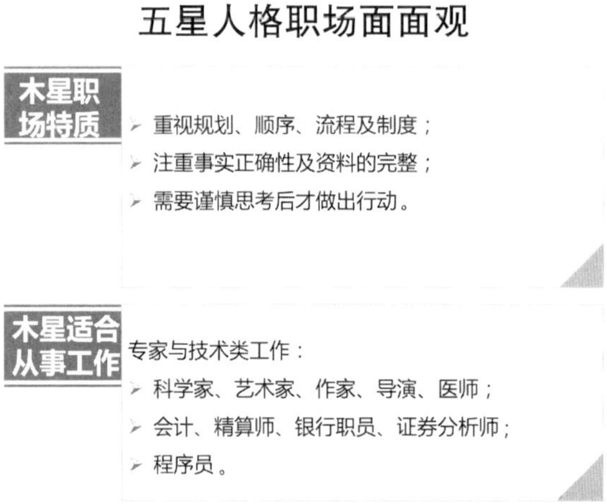

严守规则

职场中的木星人喜欢照章办事，遵守秩序。他们总喜欢制定规则和计划，并且严格按规则办事。他们是讲究原则的人，“没有规矩，不成方圆”是木星人的口头禅。

木星人善于计划，对于时间和数字非常敏感，他们也喜欢制作图表和数据，他们总喜欢把事物纳入预定的轨道。当毫无章法的“月光族”大喊钱不够花的时候，凡事都有计划的木星人总是有盈余。木星人也同样能够成为一个出色的管理者。严肃得体、善于分析、原则性强的木星人领导，领导风格基本上都偏向于中规中矩、力求精准。他们喜欢用事实、数据说话，而这样的管理者是非常靠谱的，他们能带领企业在精益求精的理念中平稳发展。

刘强东最著名的管理手段是早会制度。13 年来，只要没有出差，他便在早上 8 点半准时来到公司，与 100 多个公司高管开会。一位京东商城的高管形容早会的气氛令人战栗：“员工们迅速落座后，刘强东会在 8 点 30 分准时进入会议室，他先是一言不发，随后点头示意会议开始。各个区域负责人依次汇报运营状况，任何方面的订单数量减少他都会提出质问，若其长时间不说话，就意味着可以换下一个人开始汇报。”

专注思考

木星人作为独立的思考者，每来到一个陌生的工作环境，基本上都会小心翼翼地专注于自己的事。他们不太喜欢在公开场合发表太多言论。如果想和木星人同事建立比较好的关系，最好能够私下里多沟通和交流。

常常陷入思考的木星人，不擅长语言表达，他们大多数时候显现得像个悲观的思考者。所以，在职场中木星人常常会给人一种严肃、不苟言笑、沉默寡言的书呆子印象。

木星人思想深邃、善于分析、尽忠职守的优势，会使其成为一个做事绝对认真的人，对于千头万绪的事情，他们都能够以极大的耐心将事情理顺，他们在工作的过程中不用领导催促，就会自己给自己压力。所以，越是优秀的木星人，越需要周期性的自我减压，不能总是一味地给自己增加压力。

有个五星人格培训课的学员在分享的时候说到自己的经历："我的老板是典型的木星人，要求非常高，十分关注细节，每次提交材料，我们都要屏气凝神地在旁边等着。他会长时间地盯着材料，似乎一边看一边陷入了沉思。有一次，我做员工的能力与职业发展计划，把员工的基本情况、轮岗计划都一一列出来，然后在计划书中提出一些建议。他看的时候沉默了很久，毫无表情，不知道到底满意不满意。这时候总是让人很紧张。后来，他点点头终于开口了，首先肯定了比较认可的部分，然后用铅笔把材料中不足的地方一一指出来。比如，我原来是用饼图表示各职位员工的比例，他建议说，应该用阶梯方框图表示，这样可以把层级关系更清楚地表示出来。有这样一个木星人老板虽然让人提心吊胆，但是他能很明确地告诉我哪里不够好、哪里需要修改，一清二楚，让我获益匪浅。"

追求完美

追求完美、高品质的木星人，他们原则性强、标准高，关注细节。他们擅长修正别人的论点。他们对数据、表格特别敏感，注重事实的正确性及资料的完整性。他们擅长独立思考，可以独立作业，实验室、研究室、图书馆里面可能会有他们的踪迹。他们也特别能沉静下来，有能力处理繁复的书面资讯。

他们最反感杂乱无章和随意散漫，当追求完美、崇尚井然有序的木星人看到工作环境杂乱无章、毫无秩序时，便会本能地产生一种反感情绪。所以，混乱的工作环境往往会让木星人非常不悦，情况严重的还会导致木星人逃离这种环境。

工作中，完美主义的木星人绝对是个让领导放心的下属，因为木星人追求完美的特质会促使其一定要将工作做得极致，不到极致绝不罢休。不过，有时候为了能把工作做到最好，精益求精的木星人往往会延长完成期限。由于完美和速度很难成正比，所以木星人有时候节奏比较慢也是情有可原的。但如果给其充足的时间，那么他的工作一定会完成得比其他人都要好。

木星人作为一个天生对数据敏感、有理性、逻辑思维强且心思缜密的群体，是天生的理财高手，同时也是最适合做理财规划师的人选。木星人是非常理性的，他在决定要购买什么理财产品前，会事先做足功课，甚至看起来比很多理财师还专业。要想说服他们购买理财产品，那么你除了具备非常专业的理财知识外，还需要具备分析市场和行情的能力，你得时刻准备着回复他们出乎常人的提问，并且要准备好相应的、详细的材料说明以供他们选择、思考，除了等待木星人自己下定决心购买，你唯一能做的就是让自己更专业更有耐心。

有一次，培训结束后，有一个学员正好和我坐同一个航班返回。候机的时候我们闲聊起来。这个个子瘦瘦高高的学员说："徐老师，我感觉自己是典型的木星人。"其实，我在上课的时候就观察到他不怎么积极参与互动环节，但是做笔记十分认真，经常在别人发言过后，再提出几个问题。我明知故问："为什么?"他说："第一天培训的时候我就看到，那个横幅右上角没钉好，垂下来了，我当时就想，工作人员为什么不把它挂好?"三天培训结束了，现在是第四天，他依然记得这个细节，这就是木星人注意外在环境细节，同时内心思考也十分细致入微的表现。

2. 木星人格职场盲点

沉默寡言

不过，职场上的木星人，由于不苟言笑，往往容易给人一种沉默的孤独者的印象，所以我们常常会看到木星人一副忧伤的表情。他们常常不苟言笑，也很少去寻找外界的帮助。所以，木星人的情绪总是处于自我压抑的状态。他们常常努力压抑自己的情绪，不外露，使同事难以了解到他们的内心状态。

【对策】一个字："笑"。情绪压抑的人，往往有着"苦瓜脸"，从面相上可以看到内心。即使是假笑也好，当你咧开嘴的一刻，心情好像真的会好起来。微笑像哈欠一样，往外传播。渐渐地，微笑就能减轻心理压力。

负责公司财务的吴姐，人称"冰雪美人"，高龄单身白领，谁都不了解她是一个怎样的人。她有着精致的妆容，虽然已经年过四十，但是保养得很好，加上恰到好处的化妆，一丝不苟的白领着装，看上去给人一种很美却不敢靠近的感觉。也许是因为几乎不笑，她脸上也几乎连皱纹都没有。每天，她都"冰"着一张脸，跟她打招呼，她最多木然地点一下头，毫无表情。找她签字也是这样，看都不看人一眼，照章办事。有一次，文宣部的小陈找她签字的时候，顺手放了一块巧克力在她的桌面上。也许因为从来没有人敢跟她套近乎，她看见巧克力，竟然难得地笑了。小陈发现，吴姐笑起来，其实挺好看的。

因小失大

此外，注重细节、追求完美的木星人，也往往容易钻牛角尖，把过多的精力集中在微观方向，忽略了更重要的宏观方向。比如说，有时候木星人太注重做计划，花在做计划上的时间和精力太多，而忽视了计划的真正实施。

【对策】木星人应该学会适时地转变思维模式，尝试从宏观方向把握，不要只注意细节，容许可能出现的错误，整体的好远胜局部完美。当我们登上高山，放眼辽阔的美景，谁会去在乎一片树叶被虫咬过呢?

有一次，有一个技术型的人才告诉我，他曾经为了完成一个项目一周只睡五个小时——刚开始的两天完全没睡，后来的五天每天只睡一个小时，直到这个项目看起来方方面面都完美无缺为止。然而，在项目成果汇报会上，他发现自己因为过度疲劳声音哑了，几乎完全失声，没有办法很好地将自己的构思、做出的成果表达出来，只能播放 PPT 在那里干着急。虽然大家都明白他所做出的一切，这个不完美的句号还是成了他的遗憾。对于这种专业技术人才来说，一旦全身心投入，进入“高峰体验”，木星人会竭尽全力让自己想到的每一个细节都完美无缺。然而，缺少整体的规划却容易导致功亏一篑。

缺少弹性

木星人常常感觉心累，完美的天性让自己无论看什么样的文档都会发现问题，容易看到他人违背计划或规章出现的问题。如果别人不改过来，便如鲠在喉，难受得很。如果样样错误都指出，却发现搭档或同事并不买账，关系也闹得很僵。这样就陷入纠结中，白白消耗情绪和精力。

【对策】学会像猫头鹰一样“睁一只眼闭一只眼”。犯错误也是学习成长的机会，不要把事情糟糕的后果想得太严重，也不要剥夺别人从错误中学习成长的机会。多去世界到处走一走，看一看，了解不同人类种族之间生活方式的巨大差异，也许，就不会死守着自己认为“正确”的评价标准了。

有一名员工，工作能力很强，独立接受的任务可以完成得很漂亮。然而，他的上司却心思细密，非常不信任人，对“有个性”的人更加怀疑。身为几百号人的公司总经理，他竟然自己拎包去市场采购。下属请假他就问：“你去干什么?”这样，他们的沟通很不顺畅，导致后来有一天这个员工拍了上司的桌子离开了。

经过五星人格课程三天的培训，这名员工在课堂笔记里这样写道：“现在回头看，我那时候太年轻气盛，不理解上司的想法，也不愿意去理解。如果今天再遇到，我肯定可以和他很好地相处。最重要的就是保持沟通，消除他的不安全感。”对于这位上司来说也一样，多与员工沟通，能有效地打消自己的种种疑心，减轻自己的工作压力。或者多去其他公司考查，借鉴他人更有效的工作方式总好过疑神疑鬼、事事亲力亲为。

3. 木星人格适合从事的职业

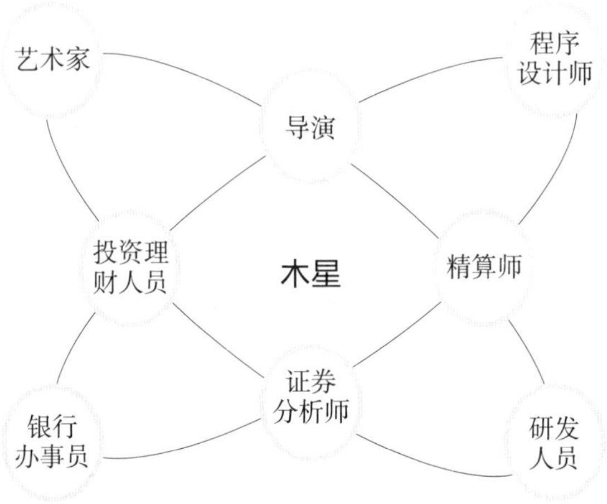

4. 职场典型案例：李彦宏玩转互联网

在中国互联网领域，李彦宏绝对是一位“追梦人”，他心中始终有一个远大的理想：靠技术改变世界，希望自己做的事情能改变大多数人的生活方式，让足够多的人受益。北大毕业后，他留学美国，并在硅谷的一家搜索引擎公司任工程师。1999 年，不甘平庸的李彦宏决定回国创业。

2000 年，百度完成了第一版搜索引擎，这款引擎的功能明显领先于当时市面上的其他搜索软件，已经很强大了。但追求完美的李彦宏觉得，从技术角度来看，这款搜索引擎还存在着一定的提升空间，秉持着软件工程师的严谨作风，李彦宏和开发人员在将这款搜索引擎推向市场之前有些犹豫，总想着再做完善一点。

但是到底该完善哪些方面，李彦宏和研发人员都无法确定，于是陷入了进退两难的境地。到底该怎么办呢？李彦宏想了很久，最终做了一个大胆的决定，先推向市场然后再继续改进。用他的话说就是："你怎么知道如何把这个产品设计成最好的呢？只有让用户尽快去用它。既然大家对这款产品有信心，在基本的产品功能上我们有明显的优势，那么我们就应该抓住时机尽快将产品推向市场。然后，我们再根据用户的体验来改进，这样产品功能就会越来越完善。"

事实也果真如李彦宏所预料的那样，百度新品上线之后受到了用户的普遍欢迎。与此同时，百度研发团队从后台研究百万用户的使用习惯与应用方式，弄清楚了用户的需求，明确了改进的方向，从而集中力量对新产品进行了一次又一次的攻关。短短一周之内，对产品功能进行了上百次的更新。这种追求完美、作风严谨的工作态度，帮助百度一举奠定了搜索领域的霸主地位，"有事问百度"成为互联网上最流行的一句话。

从外形上，李彦宏总是以技术范、儒雅谦和的姿态出现在公众面前。他与其他互联网大佬不同，李彦宏总是略显孤傲。很多人觉得平时的李彦宏冷峻、不好接近。一位投行的高层人士曾多次在与李彦宏碰面之际劝过他："要更接地气一点。"

李彦宏只是很有礼貌地笑笑，不多说一句。

虽然李彦宏看起来有些“木讷”，但是他的合作伙伴谈及对他的最大印象时，不约而同地说出了“睿智”二字。李彦宏不仅有超强的专业技术背景，他对商战也有敏锐的直觉和出色的判断。百度副总裁朱宏波对李彦宏的评价是：“虽然以前从事技术工作，但他的商业思维和市场眼光非常独到，对搜索产业方向的把握和商业竞争的规律、规则理解得非常到位。”这些评价都体现了木星人思想深邃、善于分析的特质。

长年枯燥、严谨的程序员工作，让李彦宏养成了不会拐弯抹角以及小心谨慎、踏踏实实的风格。内向的他不擅长与人交往，给人的印象更像是个社会观察家。无论在公共社交圈还是在平时的交往中，他基本上都是安静地坐在一旁，观察着周围的人和事。

专一的性格特质也在李彦宏身上有着鲜明的体现。李彦宏始终遵循的一个信念就是：“认准了，就去做，不跟风，不动摇。”百度从开始到现在，不管短信业务风靡一时，还是博客、微博业务一时风头正劲，也不管阿里巴巴、京东的电商风生水起，还是互联网金融产品火得一塌糊涂，李彦宏始终专注在搜索引擎领域，他一直强调“没有哪个公司像百度这么专注”。这样的坚持与专注，让我们有了凡事问百度的习惯。

李彦宏认为，任何一个新业务的开展并不是请个高人来就可以搞定的，你自己一定要有所了解，一定要不断充电。在拍板行动之前，李彦宏都要对整个流程做到条分缕析。比如，是否做搜索，哪些是技术的问题，哪些是非技术的问题，哪些是可以用合作解决的，哪些是必须自己投入的，商业模型是否成型，收费还是不收费，等等。总之，大到框架怎么搭，小到具体如何实施，所有的细节李彦宏都会充分考虑到。

综上所述，我们可以看出，李彦宏身上具有追求完美、精益求精、专一、坚持、睿智、谨慎、严谨、一丝不苟等很多优秀的特质，而这些都是木星人格模式的体现。所以，李彦宏的主人格模式是木星人。

三、职场中的水星人格

阿水从医科大学毕业后，便听从父母的安排回到了家乡小城。其实，以阿水的学历以及姣好的容貌，在大城市的医院里找一份满意的工作一点都不难。毕竟，她所学的是妇幼保健医学专业，这种专业在大城市的医院里很受欢迎。但父母让阿水回家乡，阿水也觉得自己在父母的呵护下会生活得更安稳，于是没有过多的犹豫就回到了家乡。

回到家乡小城后，父母已经托人帮她找到了一家中意的医院。甚至在那个医院里，一个年轻有为的男医生已经落入了父母的“法眼”，成了备选女婿。回到家里的第二天，父亲便带阿水去医院见院长。

父女俩走进一个拥挤的电梯，阿水看到电梯里的人很多，就对父亲说：“咱们走楼梯吧，这儿人比较多。”父亲于是就和她一起走到四楼的院长室。院长和阿水的父亲是中学校友，虽然不熟悉，但是在小城市里，任何关系都是能通过熟人建立起来。

院长是个50多岁的女士，很和蔼，她对阿水说：“阿水，你能够回来真的是好事，现在的年轻人眼里都只有灯红酒绿的大城市了，你一个名牌大学的毕业生，愿意回到这里，我觉得很好。我看你的实习单位在协和医院，怎么不留在那里呢?”

阿水说：“是啊，我其实也想留在那家医院，但是我是独生女，如果我留在那里，我爸爸妈妈和我也就不能在一起了。我还是觉得和父母生活在一起更有安全感，这样也方便照顾他们，毕竟他们年纪越来越大了。”

院长笑了，说：“你真是个孝顺的孩子，做什么事都懂得为亲人着想。我们儿子可就不行了，太能折腾了，现在在美国读书，不想回来了。要是我有你这样的闺女，那可就不一样了。”

阿水不好意思地笑了一下，说：“李院长，您过奖了，我觉得自己的性格适合做一个医生，我会听从院里的安排，努力做一个好医生的。”

双方谈了很多，院长对阿水很满意，觉得她乖巧、听话，没有如今90后特有的叛逆和桀骜不驯，只要多加培养，以后会是个好医生。第二天，阿水正式成为这家医院的医生。当然，一开始挂着的是实习医生的头衔。

阿水在工作中表现得非常敬业。她把病人照顾得非常周到，经常帮其他同事各种忙，并且从来没有怨言。有时候自己已经值了12小时的班，但有的同事因为临时有事让她代班，她基本上都会同意，因为她不想得罪同事。因为阿水善解人意，容易交往，这也让她在医院中收获了好人缘。

在业务方面，阿水做事很踏实，并且具有极强的业务整合能力，院长说她是个很好的助手，将来会成为一名出色的妇产科医生。

1. **水星人的职场优点**

稳定和谐

温柔随和、随遇而安的水星人，凡事求个安稳和心安。对于工作自然也是如此，他们心态平和，不喜过多的变化，非常稳健，所以能够稳定地执行工作。他们在团队中，具有高度的支援能力，是团队中非常好的拥护者、支持者和协助者。

根据我的观察，职场中最需要的是大量的水星人。作为老好人，他们不愿意拒绝别人，更不愿意伤害他人，如果同事有事需要他们帮助，他们基本上都会热心地答应，所以水星人一般都有较好的人际关系，同事们都比较喜欢他。

不同于金星人的雷厉风行，也不同于木星人的沉默刻板，水星人在职场中经常是温和有礼地微笑着。在水星人的办公桌桌面上，可以看到家人的合影或者是温馨的小摆件。而且，桌面上的东西一般都会摆放得整整齐齐。有一次，我在上培训课的时候，发现面前的桌子有些脏，皱了皱眉头。人事经理看见了二话不说，拿起抹布就擦，一边擦，还一边让同事给我送上一瓶矿泉水。看到他身为销售经理却如此细致体贴，我的心情好了很多。

好学谦逊

水星人不喜欢管人，他们不喜欢有压力，也不喜欢给人压力。他们最怕冲突和尴尬，更怕自己引起争端和矛盾。水星人不仅是忠实的倾听者，也是谦虚的学习者。他们常常能放低自己的身段，虚心地学习，听取各方的意见，加上稳定的性格，能沉淀下来潜心求学，所以水星人很容易成为专业知识的集大成者。

水星人的耳朵是真正用来倾听的。有一次饭局上，我的两个同事坐在一起，一个是火星人，一个是水星人。火星人不停地在水星人耳边絮絮叨叨说什么，水星人同事总是静静地、非常有耐心地听着，不时点头。火星人自顾自地不停讲下去，还不耽误吃东西。每次看到他们俩在一起吃饭，我就想：看，一个诉说，一个倾听，多好的搭档！

务实尽力

在工作中，水星人的善解人意、换位思考等性格特征，总是能很快赢得上司与同事的喜欢。他们一般是很好的执行者，对于任务的完成虽然不能给上司很大的惊喜，但也不会令其失望。当然，随遇而安的水星人不习惯有强烈的理想或目标感，所以他们很少会主动去改变、创新。但水星人依然会务实地脚踏实地地尽心尽力，一步步达成团队、公司对他们的目标要求。

五星人格

求安稳的水星人比较适合事务性工作。所以，水星人特别适合老师、柜台接待、特别助理、顾问、行政人员、秘书、总务、幼教人员、公务人员。这些工作都含有能长期保持一成不变的性质。

水星人不具备爆发力，一旦爆发，那一定是被逼急了。平时的水星人具有一股柔韧的持久力。他们能打持久战，不慌不忙、坚持不懈，比起火星人的爆发力往往更容易出成绩。新东方教育集团董事长俞敏洪说到自己的创业经过："我考大学，第一年没考上考第二年，第二年没考上考第三年；出国也是联系了四年，最后还是没成功。后来，做新东方做了十四五年，还在很认真地做；在北大当老师一当就当了六年半，今年是第七年。总体来说，我的性格里有一种坚韧性，不会随便放弃，做事情就非要把事情做好。"

2. 水星人的职场盲点

害怕拒绝

在职场中，水星人更多扮演的是倾听者、老好人的形象，因为他们害怕自己不被认可，即使碰到不合理的流程也不轻易开口提出意见。当领导下达任务的时候，不敢说出心里的想法，明明自己的工作已经堆积如山，却还委屈地接受新任务。

无法完成时被指责和误解，导致他们非常劳累和委屈，有时候会丧失原则进而影响到工作进度以及目标的实现。

【对策】水星人，请勇敢一些！你要知道，你不可能让所有人都喜欢你，所以请尝试着表达自己的想法。你只有尝试着去表达，别人才知道你真正的想法。当你无法帮别人完成某事时，要大胆地告诉对方，否则只会让自己吃力不讨好。记住一点，吵架也是一种沟通方式，不要害怕冲突，只有直面冲突才能解决问题。回避冲突，只会让矛盾越积越深。你已经是个很好的聆听者了，也开始尝试着倾诉一番吧！

浩刚刚进入一家公司做采购员。初来乍到，他对产品并不熟悉，而之前的采购员走的时候什么都没留下，没有清单，系统里还有很多错误要改，全靠自己琢磨，压力山大。在这种情况下，他的总监还经常对他指手画脚。请教她的时候，她总是这样的语气："你连这个尺寸都不知道，你大学怎么毕业的?"有一次客户的订单写得比较潦草，浩刚去问总监，她竟然问："难道你看不懂英文吗?"浩刚生了闷气，来问我怎么办。我告诉他，可以实事求是地拿着订货单去找总经理，让他来辨认，到底是你英文差，还是字迹太潦草。我鼓励浩刚敢于申诉。

后来，浩刚告诉我，总经理看了订货单之后，还亲自打电话向客户询问，因为总经理自己也看不清楚。从这以后，浩刚遇到什么问题，虽然还是客客气气地和总监说话，但是也学会了当面指出，甚至有一次还替总监纠正了一个比较大的错误，挽回了不少损失。他们之间仍然是不远不近的关系，浩刚却觉得自己不再受闷气了。

缺乏效率

此外，水星人随遇而安、追求安稳的心理，也容易滋生惰性，做事拖拖拉拉，需要别人在后面督促，才能较快地行动或完成任务。无论是领导还是员工，让人被动地推着走，最后，也有可能被动地退出合作关系。

【对策】战胜拖延症，也就是战胜自己的侥幸心理。给自己树立强烈的目标，可以看看名人传记，从中汲取力量。同时，还可以通过手机 app 给自己制定目标、进度提醒，将重要工作安排在效率最高的时间。每个人一天最高效的时间不一样，可能有的人的高效时间是在上午 9 点到 11 点，有的人的高效时间在晚上。不过这些都没有关系，正确认知自己的高效时间，把一些重要的事情安排在这段时间内完成，你会发现效率真的奇高。同时，找一个能有效催促、带动自己的搭档也能很快地战胜拖延症。

小柔是一个室内设计师，具有优秀的艺术眼光和实际操作能力，设计出来的室内效果方案很受顾客喜欢。然而，顾客经常根据自己的想法想当然地提出各种修改意见，这让小柔左右为难。如果听顾客的，实际效果会大打折扣；如果非要按自己的想法去做，可能会失去顾客。她花了很多时间和顾客交流，努力找到双方都能满意的方案，而不是像有些大牌设计师不合就分。渐渐地，她觉得越来越累，常常找借口推迟拿出方案的时间。最常见的借口就是“顾客有意见”。到了最后，导致顾客唯一的意见就是迟迟不见方案。她为自己的拖延症而忧心，又为顾客的意见和指责为难，在她几乎快受不了的时候，来了一个大学刚毕业的助手。这个助手带着初生牛犊不怕虎的精神，敢于和客户据理力争，敢于不停地催促小柔及早拿出方案。在助手的帮助下，小柔的室内设计作品渐渐有了更大的市场。

优柔寡断

水星人的口头禅是“我再考虑考虑”，在冒风险和求安全之间患得患失。然而，无论哪个方案都有利弊得失，需要承担选择、决策的压力。于是，水星人的选择就是放弃选择。就像那个哲学家布里丹说到的毛驴：面对看上去数量、质量、距离几乎相等的两堆干草，无法选择吃哪一堆才好，在来来回回的犹豫中饿死了。

【对策】首先，允许自己发生错误，“两害相权取其轻”，将每种选择可能遇到的风险都列在纸上。选择自己认为最能接受的方式之后，用笔一道又一道地划去其他选择。一边划去，一边告诉自己，无论发生怎样的情况，我当下已经做出努力。通过这样一个小小的具有仪式感的举动，不断强化自己的决心。其次，给自己设立一个挑战目标，达到目标之后好好犒劳自己，如果没有达到目标，找一个金星人或者木星人帮忙好好分析一下原因，也是一个好办法。

“鸿门宴”大家一定很熟悉，这个典故来自秦朝末年的项羽。当时，项羽发现刘邦势力虽还未壮大，却有吞并天下的志向。因此，项羽在“鸿门”这个地方摆下宴席，请刘邦上座饮酒。席间，项羽的下属范增多次向项王使眼色，再三举起他佩戴的玉玦暗示项羽尽快下决心杀了刘邦，项羽却沉默着没有反应。范增只好出去找项庄，让项庄在表演舞剑的时候借机杀了刘邦。不料被刘邦的亲戚项伯掩护过去。优柔寡断的项羽就这样一次又一次地错过了杀掉刘邦的机会，刘邦借机逃了回去。后来，刘邦联合各地反对项羽的力量，击败项羽，一统天下，成为汉高祖。而项羽在最后的楚汉相争中功败垂成，自刎乌江边，令人唏嘘。项羽既担心刘邦势力壮大，又以暗杀这种阴谋行动为耻，左右摇摆、优柔寡断，最终断送了江山和性命。

3. 水星人格适合从事的职业

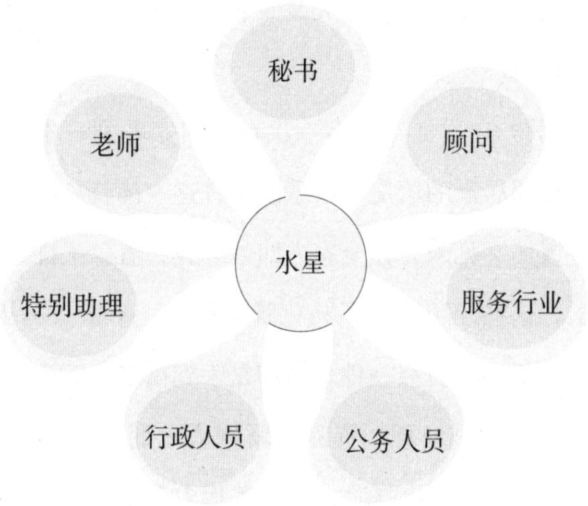

4. 职场典型案例：低调掌门人马化腾

马化腾，广东深圳腾讯公司董事会主席兼首席执行官，人称“小马哥”。马化腾在业界以低调、务实著称。中国互联网这样评价他“徐如林，不动如山。”“徐如林，不动如山”出自《孙子兵法》，意思是说行动缓慢时像树林摆动一样齐整，坚守不动时像山岳一样稳重。《时代周刊》评价中国网络巨头马化腾讲话温和、为人低调，但却是当之无愧的明星。

父母眼中的马化腾很执着。他小时候着迷于天文，有一次，马化腾拿着天文望远镜到五楼的天台上看流星雨，大半夜过去了，却不见他下来，他父亲就沿着小竹梯爬上天台，却发现马化腾已经倒在地上睡着了。马化腾痴迷天文直到高中毕业，他甚至还一度准备报考天文专业，不过他后来选择了更加实用的计算机。

在马化腾 10 岁那年，有一次在邻居家看到一本书，就自己一个人在邻居家的厨房里看了起来，这一读就忘了时间。直到吃中午饭还不见人，让全家人四处寻找，着急了许久。从某种程度上，这些经历塑造了马化腾的性格：不擅长与人交流，但是让他静下心来研究一件事情却是手到擒来。

原雅虎中国总经理、资深互联网人士谢文在一次采访中说："我第一次见马化腾时，马化腾握着我的手说：'我们通过电话，幸亏我们握手晚了几年，要不然当年就被你们买走了。'在和马化腾的交往中，我觉得腾讯是一个比较自然的公司，你跟它打交道不痛苦，公司高层人很谦虚、很简单，也不强人所难。可以说，腾讯这家企业带有马化腾的本色。"在谢文看来，马化腾的"强"表现在，谦虚低调，认真执着，学习力惊人，尤其肯去倾听不同人的不同观点，不会很主观臆断地去下结论。

事实确实如此。马化腾既不像马云那样作风强悍，个人魅力非凡，也不像百度创始人李彦宏那样睿智严谨，绅士派头十足。他低调内敛，还容易害羞。有一次腾讯公司开晚会，女主持人激动之下拥抱了马化腾一下，当时现场所有人都看到他立刻就窘迫得涨红了脸。

马化腾为人非常随和，极少发脾气，非常有涵养。和他一起创业的几个伙伴至今都还在腾讯抱团发展，其团队之稳定，在互联网领域并不多见。不过，在马化腾低调温和的外表下，跳动的是一颗雄霸互联网世界的野心。

马化腾曾多次阐述过自己的企业经营理念："我们希望的是'稳'，长期健康的成长，不一定冲得太高，要慢慢走。我很忌讳一上来就使用烧钱圈地的方式，那不是我的风格。"马化腾认为，慢慢摸索逐步见效，可以控制好成本；而如果支出太大却在短期内见不到成绩，资本市场上会有压力，内部会不好交代。马化腾始终坚持先做容易见到效果的事情。

为人随和、不爱说话、求稳、讲究步步为营、注重双赢、善于倾听、优秀的整合学习能力等特征，都是水星人的人格模式特质，所以，马化腾的主人格模式为水星人。但是，要想执掌一个如此庞大的互联网帝国，仅仅拥有水星人格模式是不够的，因为水星人格模式也存在一些短板。所以，马化腾的人格模式中还有其他人格模式。

周鸿祎作为奇虎360公司的创始人，同样是互联网领域的红人。由于业务上的竞争关系，奇虎360和腾讯是一对“积怨颇深的冤家”。尤其是在2010年双方之间爆发的“3Q大战（360大战QQ的简称）”事件，轰动了整个互联网。不过事件归事件，但并不影响双方创始人的感情。

事后周鸿祎这样评价马化腾：“3Q大战后的马化腾是值得钦佩的。他首先是自己反思，二是自己做了许多调整和修改，三是迅速地用产品说话，而不是吐口水。3Q事件以后我们也有些诉讼，但诉讼是以事实为依据，通过法律来解决的。腾讯也有媒体，但没有对我们口诛笔伐。相反自己去调整自己的业务结构，做开放决定，最后才有类似于微信这么牛的产品。把坏事变成好事，我觉得是对的。”

仅仅通过这件事，我们就可以看出马化腾人格模式中的“思维缜密、行事沉稳、作风严谨”等特质。所以，马化腾的主人格模式应该为“水星人+木星人”。这种人在遇到问题时，先自省，不急着反攻，能心平气和地对待一切。当所有人都惶恐不安时，他仍能保持头脑冷静。或许，这些就是马化腾能在残酷的市场竞争中带领腾讯一步步走向世界巨头的秘诀。

四、职场中的火星人格

阿火是个热情的小伙子，长相不错，阳光开朗，幽默风趣。他从小到大都讨人喜欢，不管是女同学、男同学还是老师都相处得像哥们一样。阿火觉得做人必须有人脉才能够出头，因为有时候人脉资源比学历更重要。

毕业后，阿火去面试北京一家大型文化企业 B 公司，B 公司的主要业务是文化地产、高端艺术品的经营和拍卖，目标客户主要是中国一二线城市的精英阶层以及国际艺术买家。B 公司是高薪企业，高端艺术品的推介和销售具有很高的提成。如果做得好的话，工作三五年就可以在北京拥有自己的房子车子。

下午 2 点，阿火让自己的同学开着他老爸的奥迪送自己来面试，作为回报，晚上请同学吃火锅。阿火走进电梯，电梯里面已经快满员了，这时候一下子涌过来一拨人。阿火摁着电梯开关，冲着电梯外等待的人群说："进来吧，进来吧，挤挤更温暖。"可见他的热情和幽默风趣。

五星人格

B 公司的面试官是一位充满艺术气质的中年男人——周总监。周总监也是一个热情爽朗的人，两人一见如故。寒暄过后，两人便展开了深入的交谈。由于兴趣爱好极其相似，两人越聊越兴奋，甚至忘了这是一场面试。

不知不觉过去了两个小时，阿火起身告辞，周总监说："呀，你看，我们都交流了两个小时了。这样，阿火，我觉得我们公司还是非常需要你这样的人的，因为你这样的学习经历和性格非常适合我们这个行业。你也知道，做艺术品投资或者鉴赏实际上就是一个铺设人脉的过程，你身上的热情就是另外一个我。咱们很有缘分，如果你愿意的话，可以到公司来试试，先做我的助理。"

阿火难掩高兴地说："谢谢！谢谢！我很高兴能加入贵公司。"

阿火进入 B 公司不到两个月，就和很多重要客户熟络了，他风趣幽默地言辞赢得了很多客户的好感，周总监也非常高兴，觉得阿火为自己减轻了很多负担，客户对阿火的认可，免去了自己事事亲力亲为的麻烦，让自己有更多的精力来休息和做策划。同时，阿火良好的职场交际能力，也让其赢得了众多同事的好感，周总监暗自决定将其培养成管理型人才。

1. **火星人的职场优点**

富有激情

天性乐观热情、谈吐幽默的火星人是职场中当之无愧的“开心果”。他们总能为沉闷的工作带来欢声笑语。火星人常常能制造欢乐的气氛，带动大家一起积极向上地工作。火星人最喜欢群体工作，他们喜欢合作，不喜欢单独干活。

魅力无穷的火星人，积极乐观，思考问题、分析事情时总是朝着积极的一面分析。他们也善于将这种积极乐观的情绪传递给其他同事。在团队中，存在保持积极向上的人非常重要，因为这种人积极乐观的情绪能感染整个团队，给团队带来源源不断的正能量。这也是火星人在职场中非常受欢迎的原因之一。

五星人格

在《中国好声音》节目中，那英明显是个富有感染力的火星人。她情绪张扬、口无遮拦、造型独特。她经常变换头发的颜色，红色、紫色、白色……衣服也缀满亮片，十分引人注目。那英对刘欢组的选手李代沫情不自禁地说："我要是年轻10岁、20岁，就跟你走了！你的歌声打动了我。"欣赏之情溢于言表。她说自己很"二"，她所带队的小组就自称"小二班"。组内的对手间互相真情交流，比起其他小组杀气腾腾的竞争状态显得充满快乐。而且，许多选手都对那英由衷地表达了深情厚意，哪怕是落选的，也千恩万谢，还反过来安慰泣不成声的她。可以说，那英的情绪感召力相当强，这种感召力把她的学员们都感化成了兄弟姐妹。

善于沟通

在职场中要想辨别火星人是非常容易的，爱表现的火星人往往是说话最多的人，他们天生就希望成为众人眼中的焦点。当你看到一个人总是想表现自己，想获得大家的赞赏和肯定时，那么这个人十有八九就是火星人。

当火星人在带领团队时，这个团队一定会充满活力，他们擅长激励其他人为组织目标而奋斗，虽然火星人自己并不善于系统性地按照程序去工作，但是他们善于将自己的想法传递给适合此工作的其他团队成员。出色的协调能力也是火星人的优点，当团队成员间出现矛盾时，火星人会通过自己的沟通能力化解其他成员间的矛盾。

在企业中，火星人适合承担企业与企业、部门与部门的桥梁角色。其实，沟通者的角色在企业组织中是非常重要的。我们从管理的角度来说，一个企业的沟通成本其实是非常高的，如果一个企业沟通顺畅的话，在同等市场竞争条件下，就能够获得更高的竞争优势，火星人天生就擅长于沟通。现代职场竞争如此激烈，一个再有实力和才华的人才，也需要口碑相传才能更快得到大家的肯定和信赖。那么，毫无疑问火星人就是最擅长推销自己的群体。从我们以往的测评样本中统计出，销售经理或者销售总监的主人格模式者大多数为火星人。

一位颇有经验的大公司销售总监这么说："与上层的沟通需要讲究技巧。上周我们在亚太总部做 5 年的战略行动计划，非常需要得到公司上层的支持。光把行动计划列出来是不足以说服上层领导的。我既要从战略发展的角度出发，利用会上仅有的一个小时，用数字来表达关键点，突出战略计划的优势所在；同时，还要充分利用会后吃饭、下午茶等场合，用大量的非正式沟通作为铺垫。财务、技术、运营、人力资源等部门负责人都要沟通到。他们每个人的关注点不同，个性特点也不同，我必须因人而异展开沟通。我发现，积极热情的沟通让大家更加了解我、支持我。最后，这个计划顺利通过了。"

积极创造

火星人对于新事物有强烈的好奇心，并且精力充沛。他们在做事情时充满激情，富有干劲。他们能够带动团队乐观热情地去解决问题。

在生活中，以追求快乐为准则的火星人，在工作中也一样，对火星人来说，工作一定要有趣、好玩。所以，火星人最理想的工作氛围是轻松惬意不压抑，在工作中能结识到更多的朋友，如果能够以娱乐的方式进行工作更好。

开朗乐观的火星人最享受的就是鲜花和掌声，他们最喜欢与人交流、互动沟通，所以，在职业规划方面，火星人所热爱的职业往往是能发挥他们优秀的口语表达能力和人际交往能力的职业。对于追求快乐工作理念的火星人来说，只有最大限度地发挥自我优势的工作才能让其感到快乐。

每一次上五星人格培训课，我都盼望火星人越多越好。不怕多嘴，就怕冷场。有乐于分享的火星人在场，气氛能够被带动起来，真诚地分享自己的经历和感受，也由衷地为他人鼓掌。而我的朋友中，来往最密切的、经常见面吃饭聊天的，也以火星人居多。我有一个朋友，刚到北京组建公司的销售分部。初来乍到的他在北京没有认识几个人。然而，几周之后就过上了每餐呼朋唤友忙个不停的生活。我问他怎么发展起人脉关系的，他说："朋友不仅可以结交，也可以分享。作为一种良好的资源，我常常只需要认识一个有人脉关系的朋友，我们互相分享彼此的朋友，比去结交一个完全陌生的人要容易得多。"在短短几个月时间里，他成了"北京通"，朋友们吃喝玩乐只要咨询他，他都会热心地指点，详细到停车点、新款菜……销售部的业绩增长与他善于分享乐于结交朋友的性格密切相关。

2. 火星人的职场盲点

自恋自大

火星人对自己总是"自我感觉良好"，除非有人指出他们的缺点，不然他们真的会对自己的缺点一无所知。作为下属，只要上级不断地表扬就是对他们最高的激励。作为上级，更是爱听"马屁"。假如你在朋友圈里经常看到某人喜爱每天都发自拍照，不同角度、不同事件、不同感想，总有一张或几张，甚至密密麻麻的拼图都是自拍照，这是火星人小宇宙爆发的状态。

【对策】火星人的良好自我感觉是前进的动力，没有必要完全打压。但是在冷静的时候，应该多反省自己，听取朋友的意见。作为火星人的上级，在必要的时候诚实、诚恳地讲出自己的看法及期望，并且要对他们的进步大加肯定，那么他们就会更加信任你，工作的动力也会更强。

火星人上级同样渴望得到别人的喜爱与崇拜，所以作为火星人的下属，要学会在适当时机、适当地点毫不吝啬地夸奖上级。很多人可能会觉得这是在拍马屁，其实不然，上级也是人，他们也是需要获得肯定与赞美的。上级有那么多的下属，而下属只有那么一个直接上级，在适当的时机、地点夸奖上级，这也是沟通的方式，除了自身努力工作之外，这也是让自己脱颖而出的方式。

盲目乐观

职场工作存在着激烈的竞争，需要谨慎地审视和处理问题。火星人一贯乐观的精神总是带着大家先做了再说，甚至不允许他人提出问题或指出可能存在的不良后果，认为这是“说不吉利的话”。火星人上级能描绘出美轮美奂的前景来鼓动员工，而对其中具体实施细节则忽略不谈。

夸张，有时候显得幽默、引人注意。火星人擅长用夸张的言语成功地吸引他人的注目，渐而成为一种习惯的表达方式。但是在职场工作中也夸张地表达，涉及到业绩、成就时，往往在别人的眼里是吹嘘和浮夸。甚至，出现前后矛盾之处，让人抓住把柄。

【对策】当火星人下属天马行空般激情四射地宣讲自己的

一个工作设想的时候，你千万不要给他泼冷水，不然会严重地打击到他的积极性与自信心，你可以含蓄地用鼓励的方式来督促他进一步落实：“嗯，想法不错，继续加油，如果能转化为实际计划或活动更好。”

当火星人上级激情满怀的时候，千万别打断，因为这时候火星人可是什么都听不进去的。可以在事后用一封电子邮件来表达自己对整件事情的看法，有肯定，也有关于整个工作计划的落实的方案以及可能出现的问题。当一份扎实、就事论事的计划书出现在上级面前的时候，无论是什么人都会愿意接受的。

火星人用夸张的方式说话，这是由他们性格决定的表达方式，大多数人并不是想存心欺骗别人。然而因为长期给人带来言而不实的印象，说的话就会被大打折扣。在我的一次课上，一个员工下课找我合影，上课对着我拍照，埋头在手机上就发布了合影照动态。我刷朋友圈一看，他发布了多个角度的自拍照与合影，还用美图秀秀修过。照片说明特别强调这次学习如何高大上，他本人通过活动认识了多少重量级人物……至于具体学习到什么内容，基本上没有说清楚。我建议他说话三思而行，以事实为依据，有一说一，多说事实，少说心情。

效率低下

我曾经为一家大型企业做培训，第一天接受培训的是财务部，气氛并不活跃，甚至有些冷淡。负责财务的会计师们以及财务总监听得很认真，时不时地在笔记本上做记录。最后的交流互动环节，提出的问题到位、精辟，我要动用大量脑细胞来思考、应答。第二天接受培训的是市场部，气氛截然不同。从头到尾都是一片欢声笑语，在游戏环节几乎停不下来，将我这个讲师抛在一边。到了互动环节，抢到话筒的营销员先来一番滔滔不绝的自我表白，接着是一大堆感谢，最后才轻轻抛出一个问题。很明显，这不是在提问，而是借着提问的机会自我表白，结果导致一天的课程无法完成。两个部门因为工作性质不同，员工也呈现出完全不同的性格特色：财务部以严谨的木星人为主，市场部以热情多话的火星人为主。最后，导致的工作效率也不同。

【对策】少说、多写。当你发现自己又开始有冲动想来一段长篇大论的时候，不妨拿出一张纸，把自己的思路在纸上列一个提纲。必须用纸和笔手写，让自己表达的速度慢下来，思维也跟着慢下来，在书写中，思维逻辑开始变得清晰，浮华的夸张被略去，没有演讲的冲动，火星人源源不断的创意就萌发出来了。

3. 火星人格适合从事的职业

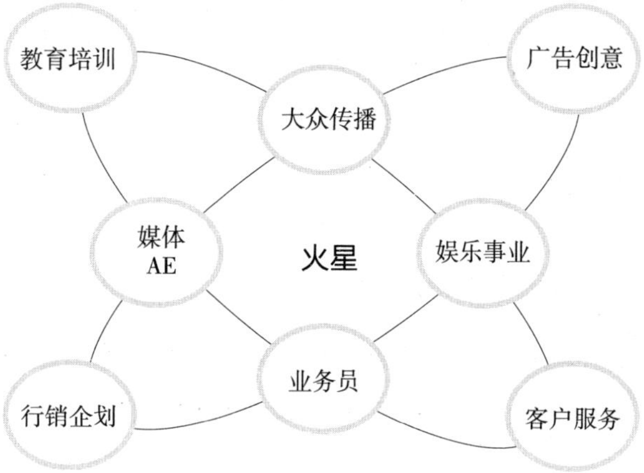

4. 职场典型案例：网界“风清扬”马云

阿里巴巴集团创始人、淘宝网创始人、两次荣获中国经济年度人物的马云，通过网上平台，创造了几千万个创业机会，而且帮助许多亚洲企业走上了全球化之路。前国务院总理温家宝曾这样评价马云：“一个有理想的人和一个有理想的企业，都有一个不屈的灵魂。‘阿里巴巴’为年轻人开了一扇门，这扇门可能很小，但穿过这扇门，前面就是光明的坦途，要坚定不移地走过去。”

可以说，在如今的中国，几乎没有人不知道马云这个名字。尤其是在2014年9月阿里赴美上市，一夕之间造就了28个亿万富豪，而马云也一跃成为了中国首富的时候，马云的故事便开始在世界范围内广为流传了，并有很多人把马云的创业经历视为传奇。马云也通过豪气干云的气势，征服了全世界。

马云是中国互联网发展史上的一个关键人物，他以自己超前的战略眼光和过人的聪明才智推动了中国互联网领域的快速发展，他打造的淘宝、支付宝、余额宝等，都是中国互联网领域的标杆，开启了一个崭新的互联网时代和支付时代。

马云个性鲜明，喜欢社交，口才极佳，他的社交圈子非常广泛，朋友遍布各个领域。比如，商业圈中的朋友有大名鼎鼎的史玉柱、马化腾、马明哲、任志强、江南春等，娱乐圈中的朋友有李连杰、赵薇、文章等，风险投资圈的朋友有软银集团的孙正义、高盛集团的众多高层等。此外，马云还有自己的“十八罗汉”（阿里巴巴集团的 18 位核心人物）。如此种种，都证明了马云优秀的社交能力。而马云经营的这个超级朋友圈，自然也为其改变中国互联网发展史、使阿里巴巴成为世界级的企业提供了足够的动力。

2013 年 5 月，马云正式宣布卸任阿里巴巴 CEO 一职。那天，他一身朋克装，站在舞台中央发表了卸任演讲。同事们说，马云喜欢登台表演。在阿里巴巴的年会上，马云曾经与美国前总统比尔·克林顿、洛杉矶湖人队球星科比·布莱恩特和演员阿诺·施瓦辛格共同登台。长期在北京担任并购和技术顾问的邓肯·克拉克表示，即使是在 600 人的房间里，马云也能让你感觉他在跟你一个人讲话。马云强大的演说能力和他振奋人心的控场技巧，都说明了他是一个能言善辩、喜欢展现自己的人。

马云的创新精神也是业界所公认的，这也是阿里巴巴一直能够走在业界前列、引领中国互联网潮流的重要原因，马云举办“西湖论剑”、创办支付宝、创办余额宝、创办菜鸟物流都体现了他的创新精神，而这种创新精神也和马云喜欢天马行空的性格有着极大的关系。马云在创业的过程中经常说：“我才不在乎技术好不好，我马云要技术创新。”所以，即便马云不懂技术，甚至连淘宝购物都不会，也并不妨碍他把阿里巴巴打造成创新能力一流的公司。

马云曾与人谈到公司文化与制度的关系，他说：“好公司的工作都是有压力的，没有压力是练不出好员工的，但好公司绝对不是靠压力压出来的，因为烂公司的压力也很大。靠压榨员工的‘血汗’是一定不可能成为大公司的，因为人都是聪明的、都会跑，特别是在今天的这个世界。公司的魅力是因为它的文化，而不是它的制度，是文化吸引培养了优秀的员工。很多年前，我们倡导‘认真生活，快乐工作’的生活和工作态度。我坚信一个不会认真生活的人是不可能做好工作的。一个不快乐工作的人是不可能有创新创意的。”这种管理理念，也证明马云有着追求快乐的人生理念。

同时，马云的乐观精神也是众所周知的。在淘宝成为中国老大后，马云对很多人说过自己成功的秘诀："我永远相信只要永不放弃，我们还是有机会的。永远不要跟别人比幸运，我从来没想过我比别人幸运，我也许比他们更有毅力，在最困难的时候，他们熬不住了，我可以多熬一秒钟、两秒钟，我就成功了。"在阿里巴巴走向世界的过程中，阿里巴巴经历了很多成长的阵痛。但马云并没有悲观，一直乐观地相信自己，相信阿里巴巴。最终，靠着乐观精神的支撑，阿里巴巴渡过了一个又一个难关。

纵观以上的种种事迹，我们可以判定，马云是个积极乐观、擅长社交、口才表达能力绝佳、富有创新精神、追求快乐生活、喜欢展现自我的人，而这些特征，根据五星人格理论分析可以得出，他的主人格模式是火星人。

马云极大地发挥了火星人格模式中的所有优势，并借助这些优势，让自己从一名普通的英语教师，一步步蜕变为世界商业领袖。这是一个屌丝逆袭的故事，也是商业领域的不朽传奇。

2014 年 9 月 19 日，阿里巴巴正式在美国纽交所上市，马云将带有阿里巴巴公司 logo 的 T 恤赠送给了在场的嘉宾，上面印着他亲自选择的一句话："梦想还是要有的，万一实现了呢?"天性乐观、善于激励、热情洋溢的火星人马云，在任何时候都不忘对梦想的追求和对他人的鼓舞，这或许就是马云能够成为中国名片、征服世界的原因。

马云的部分失败经历

五、职场中的土星人格

涂涛是一家外贸企业的总经理，他虽然只有 34 岁，但为人处世非常老练，有着非常强大的资源整合能力，他创办的企业只用了三年的时间，就从当初的一个名不转经传的小企业，一跃成为当地领域中的前三甲。

他是我的学员中最出色的一位，由于管理方面的才华，让我都佩服得心服口服。他是土星人，不过还处于“不自知的土星人”阶段。经过我的点拨和他的努力，很快就成了一位“自知的土星人”，并且在五星人格方面有了很多心得。

在一次培训会上，我请他给在场的学员讲解一下他的管理心得，但前提是必须和五星人格有关。于是，精通五星人格的涂涛就说出了以下这几段话：

“就以沟通方式而言，对于不同人格模式的员工，我会用不同的沟通方式与其展开交谈，只要沟通得好，管理就事半功倍。在某种程度上，管理就是沟通。

“金星人格模式的员工：支配性强，好胜心强，喜欢占主导地位，不喜欢太多外在的控制。虽然你可以直接而明确地直奔主题，但要特别解释这样做的原因是什么；对于你所指出的问题，对方的反应可能会比较强烈，此时你需要冷静地听他解释，然后再做反馈，让他真正认识到自己的不足之处，并清楚如何改正。

“火星人格模式的员工：他们自尊心很强，影响力大，因此要以温和的方式指出他们的问题；在谈话中要让对方感觉到你对他的关注与关心；由于对方擅长言谈，为了提高谈话效率，在他做解释时你需要把握他说话的重点，控制好时间，可以多听听他关于如何改正的想法。

“水星人格模式的员工：稳定度高，言谈很谨慎，因此要提前一些时间让他知道这次谈话，让其做好准备；你要非常耐心地指出他工作中的不足之处，并主动询问他的意见和原因，鼓励他多做一些解释；谈话的节奏可以适当地慢一点。

“木星人格模式的员工：谨慎性强，讲求精确性与程序，因此在沟通前要多花些时间了解谈话涉及的信息；谈话时要注意说明细节，给出公正的理由，尽量避免争执和冲突；在指出其错误或不足之处后，要有理有据地告诉他正确的方法。”

无疑，涂涛的发言极具价值，作为一名自知的土星人，他深知每种人格模式的优点和缺陷在哪里，所以他可以对症施药地以不同方式与员工展开交谈。沟通到位了，管理自然会顺利很多。这也是他为什么能够打造出一个极具竞争力的团队的原因。

1. 土星人的职场优点

中庸处世

职场中的土星人兼具金星人的权威、火星人的影响、水星人的平和、木星人的完美精神，是这四种特质的综合型，看似没有突出的个性，没有强烈的个人风格，但他们擅长整合内外信息资源，兼容并蓄，以“中庸”之道处世。他们处事圆融，弹性极强，处事处处留有余地，行事绝对不会走偏锋极端，是职场中最耀眼的明星，也是非常稀有的人才。

在土星人眼中，职场中总有那么多资源被放置错了地方，当他把这些看似无用的资源进行重新配置后，往往能够获得极大的价值。而且，在土星人眼中，总能够找到现成的资源，他们致力于生产要素的重新整合，比如，土星人可以把一片荒芜的土地、一个资本市场、一个产业项目和一个执行团队完美地整合，形成一个具有极大价值的事业平台。如果没有土星人的整合和推进，这个平台可能很难建立起来，所以土星人是建立团队、企业创业时难得的人才，能起到参谋与支持的作用。

随机而动

土星人具有高度的应变能力，其人格模式多变，处事极具弹性，是个游走折中的中庸高手，能密切地融合于各种环境中。他们可以为企业进行对内对外的各种交涉，能为了适应环境的要求而调整其决定甚至信念，是企业中难能可贵的帅才。凡是有土星人加入的团队，往往会如虎添翼。比如，我们熟悉的周恩来总理，在新中国建立伊始，面对内忧外患，长袖善舞，整合方方面面不同的力量来建设祖国。同时，他还要应付来自国外的种种刁难，举个小例子：一次，他接见美国记者，对方不怀好意地问：“总理阁下，你们中国人为什么把人走的路叫马路呢?”他妙趣横生地说：“我们走的是马克思主义之路，简称马路。”对方又问：“总理阁下，在美国，人们都是抬头走路，而你们中国人为什么都低着头走路呢?”他又微笑道："这个问题很简单嘛，你们美国人走的是下坡路，当然要仰着头走路，而我们中国人走的是上坡路，当然要低着头走路了。"廖廖数语，使对方哑口无言。

稳定军心

土星人在企业中除了适合担任管理者的职位，还非常适合扮演辅佐者的角色，因为土星人作为均衡、综合型人格模式者，能兼容并蓄、海纳百川，可以得心应手地协调、整合各方的人力、物力资源，成为管理团队的稳定"核心"。比如金星人管理者与土星人辅佐者的组合，金星人可以凭着自身的魄力、天生的领导力，在前沿阵地开疆拓土，土星人可以在后方帮忙出谋划策、安稳人心，充当金星人的"贤内助"。这样的组合，可攻可守，是商场的最佳拍档。

2. 土星人的职场盲点

缺乏原则

由于不自知的土星人以善变为其专长，故做人往往缺乏一定的立场或原则，也不会对任何人有效忠的意向，所以，土星人的下属会难以忍受其善变和不讲原则的行为，土星人的上司则会日夜担心不知何时会遭"出卖"，这些都会给土星人的职业生涯造成一定的困扰。

土星人比较喜欢居二把手的位置，将大部分风险让给一把手去承担，甚至操纵一把手，让一把手成为替罪羊。

【对策】土星人应发挥自己作为稳定核心的长处，用自己的凝聚力做沟通的桥梁，让上下关系畅通，形成稳固的团队。整体利益上去了，土星人才会获得更长久的利益。不要把眼睛只盯着自己个人的安危，应该更多地将整个团队的原则、利益作为行事的出发点。

情绪纠结

追求中庸、处事圆滑的土星人，在职场中往往容易陷入纠结状态，他们的自我冲突是所有人格类型中最强的。比如说，当土星人内心有情绪时，他不会像金星人一样轻易向外暴风骤雨般地发泄，不会像火星人一样找个人倾诉一番情绪就发泄完了，不会像水星人一样把情绪长期积压在心中隔段时间再爆发，不会像木星人一样把情绪默默地压抑在心中。而是在这四种人格模式之间纠结，他既担心直接向外发泄情绪容易伤害身边人，让自己陷入不利的境地，又担心自己如果向别人倾诉太多，别人会不会向外传播，还担心长期压抑情绪会对身体不利。到底选择哪种方式，中庸的土星人往往会左右为难。所以，我们在职场中往往会看到不自知的土星人陷入一种纠结不安的状态难以自拔。四种人格模式内在角力，结果整体趋零，虽然做出了很多事，自己却总是不开心。

【对策】土星人要明白，为自己而活才能真正活出精彩的人生。活在自己的阳光下，胜过活在别人的阴影中。防止自我迷失在对他人的敏感的纠结中，也要学会止损，减少内心的自我损耗。对自己的每一个决定都从积极面予以肯定，多看到其中的正面意义。否则，无论怎样做，都不会让自己真正满意。勇于去做决定吧！不要过于在意别人的看法，过于在意虚名，自己受累。

求全求美

大多数土星人都有比较高的智商，在各个领域都有比较优秀的表现。他们自我要求高、对别人的要求也高，希望一切都能够获得大家的满意。但现实中，让所有人满意是件非常困难的事情，别人做的也未必能让土星人满意，所以土星人不得不花费过多的心思和精力来独自做好一切，这也让土星人高处不胜寒。由于后继无人，卓越的土星人找不到合适的接班人。比如诸葛亮，他以高超的谋略和事事躬亲的勤勉辅佐刘备成就霸业，然而，他找不到可以与他相匹配的助手和接班人，他逝世之后，刘备的儿子刘禅再也找不到一个像他一样雄才大略的人了。

【对策】人无完人，建议土星人学会用悦纳的心态看人，多宽容待人，用发展的眼光看待下属，不能用自己的水平来要求别人也能达到一样的成就。当看到别人的缺点时，不要拿别人和自己比较，更不必将别人推开，自己完成。这样会造就越来越没有上进心的下属和越来越劳累的自己。土星人如果多发挥自己的长处去帮助别人，以看见别人的进步为乐，善用不同优点的人来为自己服务，就能走得更加轻快、更加长远。有一句话说得好："一个人可以走得很快，一群人可以走得更远。"

3. 土星人格者的人格模式变化追踪

以下是五星人格系统经过海量数据分析后得出的五种人格模式在人群中所占比例的情况：

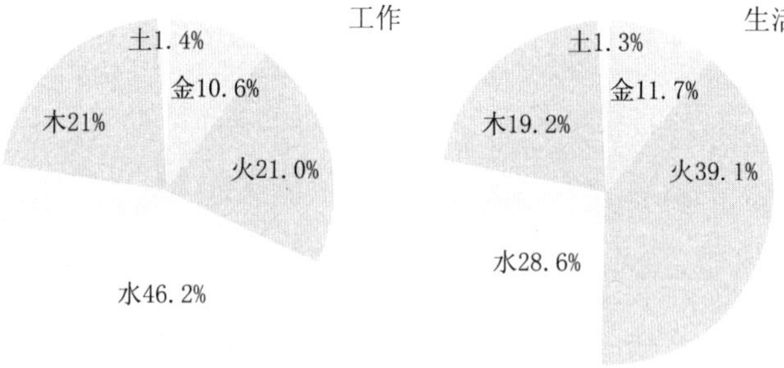

从图表中可以看出，土星人在职场中占的比例相对其他人格模式要少得多。因此，收集到的案例也相对较少。在我多年的案例追踪中，有一个土星人的人格模式变化案例相当具有代表性。

那是在2013年12月，来自北方一家销售公司的成总第一次和我见面。当时，成总还只是公司员工培训的主管。他听完我的讲座，对五星人格理论颇感兴趣就做了测评，测评结果让人大吃一惊。

以下是他做的第一次测评。

我们通过测评结果很明显地看出，成总无论在工作中还是在生活中，他的各项人格特征数值全部一样，也就是说，他兼具金、火、水、木四种人格模式。如此均衡的数值十分罕见，这说明他是一个标准的土星人。

时隔半年之后，我又遇到了成总，他再一次做了人格测评，这回数值发生了变化。

当时，我还没来得及跟他聊近况，看到测评表，我对他说："你最近是不是工作岗位调动了？而且，看起来调动到了一个比较重要的岗位。"他听了非常诧异，他最近的确得到了升迁，由培训部主管升任营销副总。然而他并没来得及告诉我这一切，我怎么能从测评表中了解到呢？

看着他惊讶的模样，我知道说中了，笑着对他解释道："原先，你是四项人格模式均衡的土星人，可见你在做员工培训工作的时候，面对不同性格的员工都能灵活地应对。从现在这份测评表中，我发现你的金星和水星人格模式的数值都上升了，火星人格模式的数值反而降了，由此我判断你升任了更重要的岗位。你看，原本你负责培训部，表达沟通不错，现在反而表达少了！说明需要你表达的少了，你现在升任负责营销业务的副总，这是公司的重要部门，负责业绩，你在工作中需要做出决策、发号施令，这让你的金星人格模式的数值上升了。同时，核对营销业绩、管理团队，让你的耐心、包容度也提高了。目前，你对整个工作的满意度也不错！作为土星人，一个长处就是能够根据环境的变化相应地调整自己的人格模式，发挥出人格模式的长处。这是由你自己的人格模式特点决定的，几乎是下意识中就发生了改变。如果没有做测评表，也许你自己也不会发现。”

听完我的分析，成总啧啧称赞五星人格测评简直是神了！

这是我追踪到的一例比较明显的土星人人格变化的案例。可以看得出，如果土星人善于发扬自己的优势，做一个自知的土星人就能无往而不利，进而成为卓越的土星人。

4. **土星人格适合从事的职业**

Chapter 4

第四章 五星人格与领导力

工作中你是否常存在以下困惑：

作为一个上司，我很关爱我的下属，可是为什么他们却不领情？我怎么才能使我的决策容易被其他同事和下属认同和顺利实施？我们公司的优秀员工总是流动性很大，他们到底追求和渴望的是什么？我怎么才能留住他们呢？

我怎么为下属分配工作，不同的工作交给谁做最省心？我的客户是什么类型的？他们最关注的是什么？我怎么做才能得到他们的信任成为他们的朋友呢？我到底应该怎样做才能让生活和事业进入一个良好的循环？为什么我们总是抱怨爱人不懂我们，而我们也不懂他们为什么是那样？

那么，是时候阅读一下五星人格了！

一、五星人格与领导力密码

我在给企业管理者做五星人格培训的过程中，发现不少管理者存在很多管理上的困惑。比如，常纠缠于事而不会从人的角度解决问题；苦于下属不给力而只能自己埋头单干；对下属恨铁不成钢却不知如何辅导激励；下属总把问题、责任往上推，不让上司省心；迫切希望提升个人领导魅力和气场，等等，由于这种种困惑长期得不到有效地解决，常常感到压力重、心累。

而对于优秀的管理者而言，基本上是不会有这些困惑的。因为他们有优秀的领导力，这种优秀的领导力可以让他们得心应手地应对管理中出现的各种问题。世界管理大师彼得·德鲁克曾经说过："管理者最重要的职责是辅导和提升下属。"所以，一名管理者如何无法管理好员工，自然就无法达成辅导和提升下属这一目标。只有具备优秀领导力的管理者，才能达成这一目标。

那么，有没有一种捷径可以让管理者快速、高效地提升自己的领导力呢？其实，通过对五星人格的研究和学习完全可以有效地提升自己的领导力。

五星人格

下面我简要地和大家分享一下，不同人格模式的管理者在面对不同人格模式的下属时，应该怎么做才能使自己的管理更有水准、领导力更加卓越。

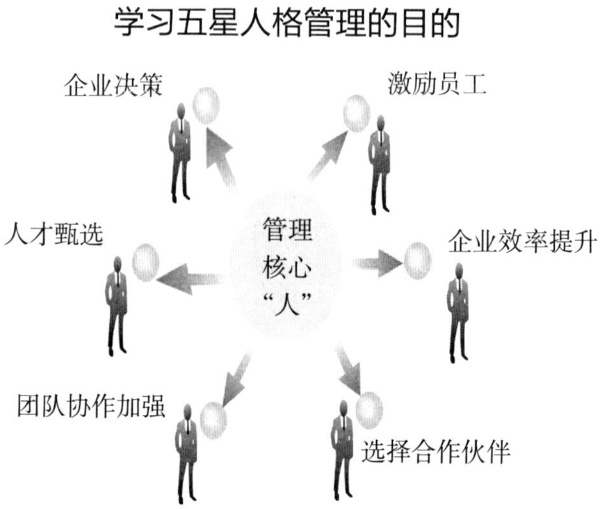

1. 金星人领导力密码

金星人下属

作为同样有强烈目标导向的金星人，应充分尊重金星人下属的做事风格，不宜当众指责。当发生言语冲突时，双方都要就事论事，不要“因言废人”。别用太多繁文缛节限制金星人下属的行动力。金星人下属需要权力，授予清楚的权责，分配较具开创性的任务，既能让金星人下属感到独当一面的成就感，又能避免下属滥用权力。

王总曾经告诉我，有一个特别让他头疼的下属。这个下属能力特别强，干劲十足，在工作上独当一面，本来是王总的得力干将。可是，渐渐地，王总发现，他有时候竟然越权擅自做决定，对王总的决策也不是完全执行。甚至，有一次，一个王总的朋友比较难缠，想下订单却千方百计挑毛病，他毫不客气地对客户一字一顿地说："这位大哥，你想下单请尽快。如果还在这里纠缠不休，我告诉你，一旦出了大门，我不敢保证你的安全。"吓得客户转身就走。王总事后知道，气得跳起来，拿起电话就想打给下属，好大骂他一顿。我正好和他在一起，先制止了他打电话的冲动，让他先缓缓气喝口茶。我再分析给他听：这个下属明显是金星人作风，能力强、脾气大。王总自己也是金星人，碰到下属出问题，一般三步走：骂、罚、赶。这样硬碰硬，最后王总自己损失最大，失去了得力干将。

那该怎么办呢?

我的建议是：千万不能当众指责下属，过两天等大家都消气了，再找个地方开诚布公地谈一谈。这两天时间，王总多学一学五星人格理论，对自己和下属的性格模式做一番考察。内心明了，不带情绪地就事论事，下属也是明白人，一定会接纳你的建议。

木星人下属

木星人希望能对工作的性质和内容有清晰的了解。因此，工作的流程及注意事项要全部清晰地呈现，并尽量向其提供资料；多用评估、比较、分析的方法来激励木星人下属的积极性；不要随意更改制度，让木星人下属感觉紊乱；金星人上级尤其注意不要以权力施压，强迫木星人下属接受自己的方法。木星人比较固执，愿意接受领导有理有据的劝告，但对权威的反抗强度却大于普通人。

公司里要采购一批办公桌，以往都是从国外进口，不仅贵，有时候没量好尺寸，退换都麻烦。采购处刚来的小陆跑了几家厂商，最后定了广州一家不太知名的厂家订做。小陆给老板提交了关于办公桌的尺寸、价格、数量等详细的表格文件，还附上了厂家的实地拍摄照片和资质证明。老板本来想还是买名牌比较可靠，但看到小陆这么用心、细致，每个细节都考虑到了，就放手让小陆去操办这件事。采购来的办公桌大家都很满意，老板特地将这件事写入小陆的年终考核表里。小陆看到老板对自己付出的心血如此肯定，做事更加有干劲了，把公司的物资采购做得滴水不漏，这让老板非常放心。

小陆很明显是木星人，如果他用心做的事得到认可，将会付出更多的努力和热情。这个老板本来想自己拍板决定，幸好充分尊重了下属的劳动并给予鼓励。金星人老板面对木星人下属，有时候需要更多的自我控制，收起事事过问的欲望，让木星人下属得到尊重，充分发挥能力。

水星人下属

水星人比较欠缺安全感，给他们安排工作职责应从基层稳步开始，不宜一开始就承担风险。安排办公室座位时，可以选择靠墙的位置，不要正对着大门。多给予他们当面的赞美，并表达信任；金星人上级不能按自己的性格直接施加压力，下达行动目标，可以让他们自己做出承诺，但不要催之过急，在他们走上轨道之后再逐步加速；在水星人下属遇到困难时，要提供协助；关心水星人下属及其家人；有变动时，要提前告知，并给予一定的时间让水星人下属应变。他们在感觉到金星人上级的关心之下，会发挥强大的稳定作用，成为领导的得力助手。

许多公司在装修的时候请风水先生看办公室物品摆放位置。这其中有中国独特的传统文化思想，有一定道理。然而，我觉得，办公室里不仅要注意物品的位置摆放，也要讲究每个人的座位位置。比如，我让火星人坐在正对着大门的位置，热情好客的火星人对来访者总是笑脸相迎。而需要安全感的水星人，我会安排在背靠墙壁，稍微靠里面的位置，让水星人比较有安全感。至于金星人，应该安排在能够看到办公室全局的位置，这样能满足金星人掌握事态的心理……不同性格模式的员工坐在适合的位置上，满足各自的心理需求，有利于提高效率。不同的人和物品放对了位置，运行起来顺利高效，各得其所，公司的业务就会蒸蒸日上。

火星人下属

金星人和火星人通常是好搭档，容易互相被对方感染。金星人上级可以多和火星人下属进行互动，和他们讨论，让他们有表达意见的机会；同时要及时肯定火星人下属的成绩，公开给予赞美，并私下表示关心；只要把握住工作重点，其余的尽量让其自主发挥；火星人比较容易冒出头，甚至有时候会抢了领导的风头，在金星人眼里，这点尤其不顺眼。但是，只要不与火星人下属过度争辩，只要针对不足点给予反驳，就会让火星人下属感到信服。

吴总忘不了原来公司的领导王总。那时候，他还是销售部的小吴。由于能言善辩，他为公司争取到了不少订单，并且很快成为业绩冠军。正好销售部经理要调往外地分公司升职，王总打算让小吴升任销售部经理。与此同时，有些其他部门的员工来向王总投诉：小吴虽然业绩不菲，却在拉到订单后没有好好地做后续服务，导致顾客很有怨言。他们建议王总谨慎提拔。王总考虑再三，不仅提拔了小吴，还为他举办了隆重的升职仪式。在升职仪式前一天，王总找小吴谈了一个晚上，既有鼓励又有批评。第二天，小吴在升职仪式上感受到被尊重、被肯定的荣耀，尤其感激王总力排众议提拔他。升职以后，他和王总配合默契。虽然因为种种原因，几年之后离开了这家公司，但是这次提拔成了他人生中一个重要的起点。

火星人小吴最需要的是肯定和鼓励。所以，王总在外人面前给够他面子，让他体会到荣誉感，私下再沟通交流就顺畅多了。

2. 木星人领导力密码

金星人下属

刘强东作为一名木星人管理者，他不喜欢絮絮叨叨的论述，厌烦浪费时间的形式主义，他喜欢用事实、数字、客观情况来管理员工，而非个人的主观判断。2010 年，京东商城年销售额突破 100 亿元之后，刘强东日日如履薄冰。那时候他一天工作 12 个小时，对部下提供的数据仔细研读，并质问他们的分析结果。

有一次召开部门会议，刘强东递给一位部门经理（金星人格模式者）两份财务报告，用手指着报告后面的数字说：“我不管你采用什么样的工作手段，我也愿意给你最大的自由去负责这件事，你只要记住一点，我不喜欢亏钱的买卖，哪怕亏100元也不行。”事后，这位金星人下属说：“‘我不喜欢亏钱的买卖’这句话我听到过不止一次，这与刘总在外一直宣扬‘不差钱’的形象格外不符。但我还是很高兴，因为刘总能给我最大的自由让我去做事，这正是我想要的。”

无疑，刘强东是一位优秀的管理者，有着卓越的领导力，否则京东也不会在他的带领下成为可以与淘宝比肩的网上商城。

木星人领导在面对金星人下属时：应将自己定位为策略家，着力于决策、制度层面的分析；在执行层面，对金星人下属直截了当地说出想法，并委以重任；不要执着于义理之争，而忘了彼此的身份与职位；不要有太多的规定，让金星人下属觉得束手束脚。

木星人下属

同样作为木星人，有可能在共同工作中走入计较细节的死胡同。作为木星人上级，应该关注全局，同时善用木星人下属的分析能力与精准度；以“如何可以更好”的问题，刺激木星人下属的完美主义；给予他们自主权和信任，不要事事指点；也不要勉强木星人下属去做沟通协调的工作。如果在工作中出现问题，双方都要尽量放下自己的成见，敞开心胸沟通，这样才不会因小失大、互相指责。

木星人小王这么说：对我影响最大的是一家500强企业的中国公司CEO，他是博士，还读了MBA，有很高的个人素养。要得到他的表扬不容易，做事前必须考虑透彻，心思缜密，敷衍肯定没门。有一次，我们有一个项目没做好，200多万余款没要回来，其中有100多万是我的责任。按照公司规定，责任人应该承担经济损失。那时候我已经转做营销，业绩非常好，可以说功劳远远大于过失。因此，上司对于如何处罚我感到犹豫。后来，我主动要求扣款，并写了申请信。在信中，我详细分析了这次项目失败的原因，归纳出若干个要点，并且提出一系列改进措施。除了申请扣款，我更多地从公司的建设出发，提出建议。没想到，我的上司吴总看到我的申请信后，征得我的同意，将其中反映的问题和整改的部分发给每一个项目参与人共同研究，却对扣款只字不提。”

面对木星人上司，再细心都难免出错。如果双方为推卸责任而争执，那么就会进入抠细节的死胡同。反而，如果大方承认错误，木星人上级一定会对你赞誉有加。

水星人下属

水星人下属是木星人上级绝佳的幕僚，能够忍受木星人严格的要求和制度，并切实地逐步完成，可以多多发挥水星人下属的辅助能力；木星人上级自己不擅沟通，可以善用大家对水星人下属的好感，在沟通和与人互动上发挥成效；水星人下属希望达成共识后再有所行动，这就需要上级帮助水星人下属达成共识；不要空泛地在策略上做规划，却没有强力的执行能力，只是纸上谈兵。

小陈在一家培训机构担任课务总监，负责巡视每个培训师的点名、上课状况。小陈仿佛有一双火眼金睛，哪间教室出了状况，她都能在第一时间到达，处理问题。因为这家机构大多数都是年轻的专职培训师，虽说整体气氛比较活跃，但是作为木星人的小陈却总是感觉自己操碎了心。她学习过五星人格理论后，带领培训机构里的老师们一起做了五星人格测试，发现培训师中最受小陈器重的是水星人，最容易挨批的是火星人。然而，水星人和火星人的招生数却相差不大。报名水星人老师课程的学生，喜欢他们的耐心与细致；报名火星人老师课程的学生，喜欢他们的生动有趣。通过这一轮测试，小陈清楚地认识到每个培训师的性格特点，将不同性格的培训师分配在不同的培训岗位，针对不同程度的学生因材施教，整个机构的教学水平和口碑得到很大的提升。

火星人下属

在木星人上级眼里，最看不惯的可能要属火星人下属了。他们天马行空的创意和表达，常常让木星人上级嗤之以鼻，从而挫伤了火星人下属的积极性。因此，木星人上级要多看到火星人正面、积极的作用，带点笑容与之交流，多给他信任与关注；梦想，好的当面加以表扬，不好的委婉指出，但要表达赞赏之情；面对火星人下属时要多带点笑容，多给他们信任与关注；别与火星人下属讨论细节，可把重要细节做成书面材料交给火星人下属；当然，最重要的是给他们安排适合个性发展的岗位，火星人下属热情、善于沟通的长处其实是木星人上级很好的补充。

课务总监小陈面对火星人老师，恐怕只有在招生的时候是微笑的：火星人充分发挥能言善辩的本事，将培训机构的种种优点呈现给报名的学生，一节示范课上下来，学生个个开心，积极报名。报过名之后呢？火星人老师开始出状况了，有时候上课天马行空地发挥，不留神就下课了，没完成预定的教学任务；有时候草草批改作业，总喜欢布置一些参观、访问类的作业，学生喜欢，老师轻松。小陈多次和这个火星人老师沟通，由暗示到明说，希望他能改一改。火星人天性难改，总觉得小陈处处刁难。于是，小陈和火星人老师之间的矛盾越来越大。我教给小陈八个字："睁一只眼闭一只眼。"睁的眼，看火星人老师的积极性，多发挥他的热情。闭的眼，少挑火星人老师的毛病，让水星人老师当火星人老师的搭档，稳定上课秩序。

3. 水星人领导力密码

金星人下属

我们来看看金星人下属顶撞水星人上级的案例（以下为水星人上级口述）：

有一次，我们要处理一个案子，我向员工咨询劳动法的相关规定。这位员工相当熟悉，立刻就告诉了我。但是我还有点不放心，顺便又让秘书上网下载了相关法律来核对。该员工刚好听到了，十分生气，直言不讳地对我说："我都告诉你了，为什么你还要找别人问？难道我的答案不够权威吗？难道你不信任我，认为我不够专业？"面对他咄咄逼人的气势，我不想与他当面冲撞，暂时先离开了办公室。

第二天，我再看到他时问他是否还生气。过了一晚，他已经气消了。我再问他："如果一件事非常重要，你会不会从不同渠道再次确认？"他也理解了我的做法。而我在整个案子完成之后，公开表扬了这名金星人员工做出的成绩，我们之间合作的默契达到了新的高度。

面对金星人下属，水星人上级时常会有受到威胁的感觉。其实，不要害怕金星人下属的成就凌驾于自己之上，不要因为金星人下属的片面争取而忽略了整体的公平性。你可以让他们发挥团队带头的作用，让金星人下属执行专案，善用金星人下属的开创力来突破僵局、建立威严。当你感觉受到金星人的威胁时，公开场合仍要给予他一定的赞誉和尊重，私下找他们谈话分析厉害关系。这样金星人下属既受到了尊重、赢得了成就感，又能明白分寸。

木星人下属

木星人下属不太容易主动寻求支持，而水星人上级能给予他们最多的支持和关心。这种稳定感能让木星人下属持续发挥出强大的动力和能量。但是，作为水星人上级，因为过于随和而漫不经心，这时要有力而清晰地回应木星人下属的问题，同时勇敢地提问，刺激木星人下属善于分析的天赋；要想清楚事情原委和逻辑，然后再与木星人下属沟通想法。

水星人领导＋木星人下属，是相当好的搭档，比如在一个企业里，一个善于关心员工的水星人老板能激发员工的更多积极性，木星人下属做企业的财务总监，一丝不苟地把握好企业资金命脉，也能给水星人老板带来有力的后盾和安全感。相比之下，木星人领导＋水星人下属，却容易产生不协调的关系。木星人领导的高标准严要求让水星人下属倍感压力，水星人下属的慢热也有可能让木星人领导抓狂。因此，认清自己的和他人的人格模式，用不同模式去理解问题产生的原因，能避免许多怨言、怒气，就事论事，将精力放在解决问题上。

水星人下属

同样都是慢性子的上级和下属，你们之间容易出现互相依赖，从而导致了工作进程的延误。因此，你们需要有金星人或木星人同伴来做督促、落实进度的完成情况。同时也要充分信任和放手，让水星人下属根据任务扮演好配合的角色；善用水星人下属的同理心，形成团队的和谐与凝聚力；处理问题时，要跟水星人下属讲清楚责任界限，共同明确任务，不要因为有共同的性格模式而心慈手软。

小涵和她的领导谢总都是水星人，她们的关系十分密切，每天上班除了谈工作，也会谈谈生活。下班之后经常约着去逛街，就像姐妹俩。可是，关系太密切也有问题，每当有工作任务临近收工的期限，谢总不好意思一直催着小涵加班做完，担心小涵觉得自己翻脸不认人。如果小涵在工作中需要谢总给予更多的支持，她也不好意思提出来，担心为难谢总，显得自己不够体贴领导。她们因为关系密切，导致许多问题都在自己心里憋着，这也是水星人性格的明显特征，有问题不好意思摆在桌面上明讲，宁可自己默默忍耐。这样导致谢总的部门整体效率低下、拖沓。我给谢总和整个部门的工作人员做过五星人格测评后，发现员工中水星人偏多，这与谢总本人是水星人有关。水星人比较喜欢任用让自己有安全感的水星人。我针对这种现象提出的解决方案是：员工要进行调整。让金星人、木星人、火星人多参与到部门工作中，看到其他人格类型的长处。谢总自身要向着卓越的土星人发展，不能安于水星人的小圈子。

火星人下属

面对火星人下属，水星人上级常常有哭笑不得的感觉。他们活泼热情的性格能带动水星人上级沉闷的工作方式发生改变，然而有些时候，一旦火星人下属玩得过火了，会让水星人上级感到危险临近，紧急喊停。因此，在和他们配合工作的时候，要保持适当的度，多发挥火星人下属的沟通能力，也要包容火星人下属不按常理出牌的新点子。不必对火星人下属解释太多细节，不要因为不敢要求而自己揽下太多工作。记得多赞扬火星人下属的工作表现，把成果归功于火星人下属的努力。

一位水星人老板这样评价她的火星人下属：

“他其实比我还晚来这家公司。但是他不到一个月，就已经基本上认识了公司里所有的人，甚至做卫生的阿姨看到他都会聊几句。他经常对我说：‘头儿，这事你出面不好，我去开个玩笑就解决了。’

“果然这样，以往我觉得棘手不好开口的事情，他说说笑笑就能大事化小。市场部的负责人觉得有个员工能力不行，想让他转到人力资源部，这样出了问题就不用承担责任。我说不过市场部的负责人，他总是拿一大堆的数据来堵我的口。我的下属就过去找那个负责人。只见他眉飞色舞地聊着，市场部办公室不时地发出笑声。他回来之后，事情有了愉快的解决方案。虽然他的职位不高，但是想找我的员工都会先找他，在他那里探听我解决问题的标准，他起到了沟通桥梁的作用。”

4. 火星人领导力密码

金星人下属

用乐观与热情去激励金星人下属，你们有共同的行动力和积极性，也许会一拍即合。让金星人下属自己制定工作目标；对金星人下属的强烈野心与积极性要多加包容，不要表现出明显的好恶。对金星人下属的错误，不要大肆批评，要暗中协助；不要介意成为金星人下属的追随者，但在金星人下属偏离方向时要及时纠正。

一位某公司的人力资源总监曾给我说过这么一个案例：

我刚到这家公司的时候，公司有500多人，很多新人是公司在前两年扩张期间招进来的。后来因为经济危机的影响，公司决定放慢拓展进度，但这些人仍然在公司里混日子，导致效率低下。我就告诉总裁，必须裁员，才能提高效率。我做了一个方案，裁掉一半的人。总裁担心员工闹事，希望通过多做活动、鼓动士气、与员工多沟通等方式来提高效率。而我说，不用担心，那些没事做的人自己也难受，给个合理的补贴，他们肯定会愿意的。果然，裁员进行得很顺利，没有一个人闹事。

很明显，这位火星人总裁希望通过情感带动员工工作积极性，然而金星人总监却发现问题的症结所在，大刀阔斧地进行改革。

木星人下属

火星人上级的激情和创意，常常让木星人下属无所适从。因此，火星人上级要主动沟通协调与木星人之间的观念误差，多耐心聆听他们的见解，少自己滔滔不绝地发表意见。多听听木星人的想法，会让火星人上级获益匪浅，同时也取长补短。同时，增加部门内的联谊活动，以缓解木星人下属的压力。充分地信任木星人的能力，尽量不轻易横加干涉。

火星人与木星人之间，无论谁当领导谁当下属，如果没有对彼此的性格特征做了解，恐怕会相处得比较辛苦。木星人忍受不了火星人的热情和散漫，火星人忍受不了木星人的拘谨和严肃。其实，如果认清了自己的性格特点，就应该在双方的长处中找到共同点。我有一个朋友是企业总裁，姓蔡，个头又高又胖，见到谁都是乐呵呵地笑着，人称“弥勒佛”，人缘好、人脉广。副总裁林总却截然相反，瘦瘦的个子戴着眼镜，不苟言笑，人称“铁公鸡”。这两个性格截然不同的人怎么会成了好搭档呢？蔡总乐呵呵地告诉我们：“我是火星人，发挥我的优点，广纳客源，心胸宽广。林总是木星人，发挥他的优点替我把住企业的经济命脉，审核每一笔账目，我们优势互补。如果遇到看不惯的地方，我身为火星人，应该更加积极主动地去化解，我是弥勒佛，肚子里能撑船嘛！哈哈！”

水星人下属

水星人下属属于慢热型，火星人上级要充分地给予他们适应的时间和空间，多点耐心来面对水星人下属的安静与犹豫不决。他们也许不会像火星人那样说干就干，然而一旦进入任务的实施过程，就会发挥其稳定性，火星人上级此时要为水星人下属指出明确的方向，如果能提供前例作为依据更好，同时用自己的热情为他们加油鼓劲。不要根据心情任意改变计划，这会让水星人下属无所适从。

无论是在企业，还是在事业单位，水星人员工通常都占最多的比例。是一个单位的最核心的稳定力量，水星人的耐心和细致功不可没。然而，经常看到有些领导做事风风火火，最好要求员工马上出成绩，即使没有马上出成绩，出个声积极响应也好。在这种时候，默默无闻的水星人仍然是低调的，他们认为积极响应是在拍领导的马屁，不如踏踏实实拿出成绩。如果火星人领导没有看到水星人下属的性格特点，一味追求场面上的热闹好看，就容易损伤水星人的工作积极性，水星人就会表现出拖沓、蒙混过关的特点。同时，也让一批浮于表面的火星人冒出来。往往事情到了最后，火星人领导会发现，还是需要水星人出来收拾摊子。

火星人下属

同样开朗乐观的火星人，你们一拍即合，容易成为工作的好搭档、生活好的朋友。虽然容易爆发争吵，但和好也很快。这时就要注意公私分明，不要让私事影响公事，作为火星人上级还是要建立权威，不要让随和变成随便；面对问题，就事论事，不要对火星人下属进行人身攻击，这会让两个脾气火爆的人互相攻击进而失去心情，以致进入讨论工作的误区。不要只是批评，还要做出示范，作为上级，说到做到才能有威信。

火星人和火星人在一起，很容易成为好哥们。一起喝酒，一起畅谈企业未来，一起闯荡江湖……在他们兴致高涨的时候，仿佛无所不能。然而当火星人领导需要实实在在的工作业绩的时候，会失望地发现火星人下属也在抓狂。

身为阿里巴巴集团总裁的马云，虽然是火星人，在企业中倡导充满活力的文化氛围，员工中也不乏火星人，但他却以自己的睿智避免了火星人的短板。马云是个武侠迷。从淘宝网创建开始，阿里巴巴的员工就以武侠小说中的人物名号作为自己的名片头衔。马云自己是“风清扬”，他们的会议室是“光明顶”，研究院叫“达摩院”，六条价值观叫“六脉神剑”……可以想象，有这么多好玩名字的地方，整体氛围多么活泼。然而，阿里巴巴能发展到今天的规模，在活泼的氛围之中，还有马云属于金星人格的睿智和深谋远虑。《马云点评创业》、《赢在中国——马云金句录》……他思想的火花、语言的智慧集合成的书本永远是商场的畅销书。

因此，如果你身为火星人，无论你处于领导还是下属的位置，请多向金星人和木星人学习，兼取众长，扬长避短，在自己热情所带动起来的氛围中保持冷静的头脑，及早做好全局的规划工作。

5. 土星人领导力密码

单纯的土星人在人群中占比稀少，在我们的测评中，多数人是不自知的土星人格，外在呈现出其他人格特征。而且，在不同环境和状态下，不自知的土星人往往能呈现出不同的人格状态，因此，可以参照其他人格模式攻略来决定行动。这里略写具体内容，避免陷入纷繁复杂的分析中。

身为土星人领导，也不可避免经常有内在的矛盾冲突，每一种人格类型在思维中互相角力：热情地招呼客户之后，也许会暗暗责怪自己太多话；完成一项严格核算的业务后，又会感到厌烦；按领导指示完成了任务，却觉得没有自己发挥的余地……不同人格类型并存的土星人格经常遭遇自我内在矛盾、自我批评的损耗。如果不自知的土星人感到内在损耗过大而筋疲力尽，建议去找心理医生做疏导，认识自己的内在，学会自我包容和悦纳，从而更好地跟别人打交道。

总之，管理靠的不是蛮力，更不是一腔热血，它靠的是管理的智慧，是管人的技巧。没有人天生就拥有是卓越的领导力，领导力都是通过长时间的努力学习、实践总结修炼而成的。但不管怎么说，五星人格确实有利于领导力的修炼。

管理者只要掌握了每种人格模式者的优点和盲点，并分析出每位下属的人格模式，就可以结合其身上的优点和盲点，对症施药地对其展开管理。同时，熟悉五星人格模式，还可以意识到自己的缺点和不足并进行有效的规避，这无疑可以进一步强化自己的领导力。

二、五星人格与人力资源管理

很多企业的人力资源管理者往往会发出这样那样的感慨，比如，“ 为什么我看好的猛狮，招来却变成了驯鹿?”、“为什么看上去可信的人，最后却变成了公司的背叛者?”、“为什么自己器重的员工一到关键时刻就掉链子?”、“为什么不管如何管理，整个团队都是乱糟糟的?”、“为什么自己不能一眼探究出面试者的真正实力？”……

下属在工作中容易出现的问题

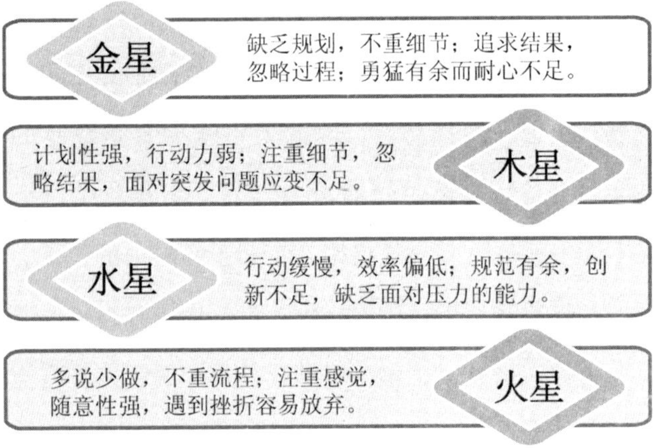

其实，这些问题并非是无法解决的。之所以出现这些问题，是因为人力资源管理者在了解人、识别人方面存在一定的短板，这些短板导致人力资源配置出现了漏洞，从而导致各种问题的发生。要想彻底解决这些问题，就必须完善自己的“阅心读人”的能力。而“阅心读人”的能力如何完善，五星人格知识体系会助你一臂之力。

由于我们在前面已经多次提到各种人格模式的优点和盲点，这里就不再做赘述了，如果你想知道各种人格模式者适合从事什么样的工作，不妨回头看看我们前面各章的讲解。只有先了解了员工属于什么人格模式，才能将其放在正确的岗位上，才能确认其和其要求的岗位是否匹配。

目前，使用心理测评工具辅助员工招聘、员工岗位调配、管理者领导力发展等，早已成为很多企业普遍接受的人力资源发展理念。众所周知，人力资源部门是一个与人打交道的部门，主要的工作是招聘员工、安排员工的人事变更等。行家都知道，人力资源部门所做的每一个决定，都相当于一场赌博。因为一旦出现人力资源错配的问题，就会给企业带来很大的损失，有时候还会严重阻碍企业的发展。

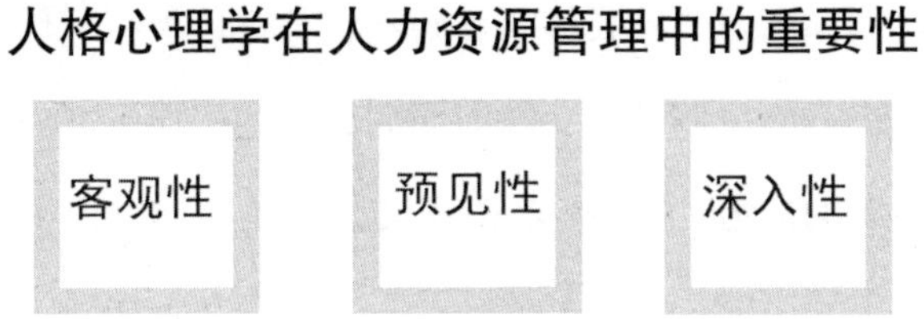

如何才能提高这场赌博的胜算呢？最好的办法无疑是增加自己的优势，靠着心理测评工具来辅助自己进行人力资源管理。而运用五星人格测评体系无疑是个很明智的选择。

2014 年 8 月的时候，我去山东青岛一家中型企业做五星人格培训，当时这家企业的负责人陈总热情地招待了我，并向我详细地讲了企业所处的困境，尤其是在人力资源方面，好几个中层干部都很敬业，但是在关键岗位上总是干不出成绩。于是，我让他给我详细陈述了这几个中层干部的性格特征以及行事作风。

陈总陈述完毕后，我发现不是中层出现了问题，只是人力资源出现了错配。比如说，销售主管的主人格模式是水星人，这种人不喜社交、不善沟通，虽然他很敬业，但他更适合的岗位是办公室主任，因为水星人稳定低调、善于倾听、注重人际关系的和谐。

最后，我对陈总说："你的中层干部都是优秀的干部，他们的能力并没有问题，只是目前所处的岗位并不能让他们完全发挥自己的优点。与其长痛不如短痛，你可以根据他们的人格模式优点进行岗位调换，一段时间后，这些中层干部就会给企业带来极大的活力。"紧接着，我又详细地给陈总说了具体应该调换的中层岗位。

2015 年 7 月初，陈总给我打来电话，在电话中他高兴地说："徐老师，真是太感谢您了，我按照您的思路调换了相关中层的岗位后，他们在工作上确实有了很大的起色，现在公司的整体氛围非常好，竞争力也提升了不少。要不是您的指导，我估计我们现在还在泥潭中躺着。另外，您的五星人格真是太神奇了，今后还希望您能多给我们企业做一些培训……"

运用五星人格知识，可以帮助我们在短时间内准确地识别出当事人的各种优点和劣势，这有助于人力资源管理者更准确地把握决策、避免人力资源错配的事情发生。所以，要想成为人力资源管理高手，就必须精通五星人格。

各性格组合特征及录用参考标准

人格组合	优势人群组合
同质组合	火:影响型＋金:权威型\木:完美型＋水:平和型 金:权威型＋木:完美型\火:影响型＋水:平和型
互补组合	火:影响型＋木:完美型\金:权威型＋水:平和型

在这里，我和大家一起分析一下上图中的各种人格组合的特征。我们以互补组合为例：

“金星人＋木星人”组合

金星人与木星人互补是因为金星人强调效率是个行动派，而木星人关注细节、做事严谨、善于规划；金星人擅长宏观掌控，喜欢站在大局的立场做决策，而木星人则擅长微观细节的观察。

他们既能做到事前做好规划并有步骤地考虑清楚每一个细节，又能快速行动执行，所以如果把任务交给“金星人＋木星人”绝对可以放心。“金星人＋木星人”做事比较沉稳，富有原则性，直接又有原则，内在外在都喜欢自己控制，所以，很难让“金星人＋木星人”改变。他们对自己对别人的要求都很高，在追求速度的同时又追求完美。

值得注意的是，“金星人（领导）+木星人（助手）”与“木星人（领导）+金星人（助手）”人格模式也不尽相同。“金星人（领导）+木星人（助手）”更强势直接些，而“木星人（领导）+金星人（助手）”更注重细节、关注内在。也就是说，复合人格模式中排在前面的人格模式所表现出来的特征，要比排在后面的人格模式表现出来的特征多一些。整个五星人格理论体系都遵循这一原则。

“火星人+水星人”组合

这是以人际关系为导向的互补组合。火星人乐观开朗、热情活跃、缺乏专注与持久性，情绪多变。而水星人温柔随和，有耐心，善解人意、包容性、稳定性高。二者刚好互补。“火星人+水星人”可以说拥有最好的人际关系，火星人的主动开朗，善于交流与沟通，让火星人很快就能交到很多的朋友，同时，水星人的包容与善解人意又能让友谊地久天长，人们都愿意跟水星人交朋友。“火星人+水星人”让身边的朋友都感到轻松、开心与舒服。他们擅长人际关系，常常能左右逢源，但他们对事业一般没有太大的追求。不过，与“火星人（领导）+水星人（助手）”相比，“水星人（领导）+火星人（助手）”更内向与被动些。

所以，人力资源管理者在通过五星人格识别人才时，不仅要善于区分不同的人格模式，还要学会区分复合型人格模式中各种人格的先后顺序。毕竟，顺序的不同，人才的表现也会出现一定的反差。

同时，为了方便大家的阅读和记忆，我采用了更简洁易记的图表来表述各种主人格组合的特征及岗位方向。

各性格组合特征及录用参考标准

（主人格组合分析）

金星	角色	专业能力	金火	金水	金木
权威型	老板型/指挥者	管理能力	管理、开拓、决策	管理、辅导、执行	管理、策略、监督
火星			火金	火水	火木
影响型	互动型/社交者	说服能力	演说、治理、教导	协调、关怀、激励	演说、创意、执行
水星			水金	水火	水木
平和型	支持型/支持者	协作能力	关怀、治理、服务	关怀、协调、同理	辅导、执行、核算
木星			木金	木水	木火
完美型	修正型/思考者	解决问题能力	管理、策略、监督	技术、分析、规划	分析、策划、执行

总之，人力资源管理的核心就是把人才用在合适的岗位

上，这就要求我们在使用一个人之前，必须通过五星人格理论体系对这个人进行详细的评估，观察其是否是企业所需要的人才，其担任哪种岗位更合适。由小及大，人力资源管理者在配置团队的人力资源时，同样可以遵循这一原则，使团队尽量符合人格模式的均衡组合这一要求，这样才能打造出一个有战斗力的稳定团队。

如果有一天，你发现自己能够气定神闲地进行人力资源配置，并且可以通过对不同个体、不同人格模式的员工进行组合，来构建一个完美的、具有土星人格模式特征的团队时，你就已经是一个人力资源管理高手了。

Chapter 5

第五章

五星人格与爱的诠释

爱是恒久的忍耐。

爱是欣赏差异。

爱是完全的接纳。

爱是彼此的包容。

爱是相互的理解。

爱是因为差异而互相吸引。

爱是认识自己而善待自我。

……

只有我们内心当中充满了对自己的爱，我们才能去享受生命的丰盛和幸福的感觉。如果我们连自己都不爱，那又如何让别人来爱自己呢？当你不爱自己的时候又怎么会把更多的爱传递出去呢？

一、金星人：高处不胜寒，倾听也是一种爱

以目标为导向、控制欲强、做事果断强势、醉心权威和地位，这些都是金星人格的主要特征，而这些特征，不仅会影响他们在职场中的成就，在情感方面，也同样会产生深远的影响。

下面，我们先来看一则故事。

金辉在大学时代就是个风云人物，人不仅长得高大帅气，且聪明好学，一直是班里的话题人物。但是在老师眼中，他是个比较叛逆的学生，经常特立独行，不愿听从老师的领导和指挥，老师对他是又爱又恨。不过大学校园里的女孩子最喜欢这样的男生了，所以有很多女孩子都暗恋着金辉。

不过当时的金辉一直醉心于学生会的工作，所以一直没有像其他同学那样谈一场恋爱。转眼之间，大学四年的时光过去了，虽然没有认认真真地谈一场恋爱，但金辉并没有觉得有什么遗憾，毕竟自己做了三年的学生会主席。

大学毕业后，金辉凭着丰富的阅历和出色的管理才能，很快就在一家集团企业找到了一份满意的工作，从此生活开始步入正轨。有一天，他在公司门口看见一个女孩，容貌清秀美

丽，笑容干净无邪，给人一种青春活力无限的感觉。金辉望着这个女孩从自己眼前走过，突然之间就感觉自己喜欢上了她。

经过一番打听，金辉知道了这个女孩叫小倩，和自己在同一栋办公楼里工作，只是公司不同而已。金辉是个做事直接、凡事不喜欢拖泥带水的人，他认为自己既然喜欢小倩就应该告诉她，如果总把这种感情憋在心里自己会受不了的。所以，金辉暗暗下定决心去和小倩交往。

两人淡淡地交往了半个月后，金辉便向小倩表白。小倩觉得金辉是个非常优秀、阳光的男子汉，所以就答应了他的交往请求。两人开始谈情说爱后，金辉发现活泼开朗的小倩有很多异性朋友，这一点是金辉最不愿意看到的，所以他多次要求小倩尽量少交异性朋友。但是，小倩觉得那些异性朋友都是自己的好朋友，他们之间都是单纯的友谊关系，所以小倩没有议听从金辉的建议。

对于喜欢占主导地位、掌控全局的金辉来说，小倩不听自己的话就是不把自己放在眼里，一贯掌握着主动权的他对此非常恼火。由于双方心里都有一股气，所以经常会为了一些小事争吵，并且都觉得自己有理，谁也不肯认错和让步。就这样，两人交了半年后，终于无奈地分手了。

金星是标准的行动派，他们遇到自己喜欢的人时绝不会将这种情感憋在心里，所以金辉发现自己喜欢小倩时会果断地告白；金星的控制欲非常强，他们希望自己始终掌握控制权和主导权，所以金辉要求小倩不要和那么多异性交往。在小倩拒绝了他的要求后，金辉便觉得自己的权威受到了侵犯，所以两人总是爆发争吵。

情感中的金星，往往有着一种宁为玉碎不为瓦全的凛然。如果当初小倩听从金辉的建议，那么这段感情还是可以继续下去的。可同样倔强的小倩并不愿意听从金辉的建议，最终导致两人分道扬镳。

一般来说，情感中的金星人格是这样的：

在追求爱情时，他们的目标清晰明确，他们视成功获得爱情为一种成就，金星人对爱情要求很简单，那就是在爱情中自己必须是主导者，对方必须服从自己、听从自己的吩咐，他们认为自己是爱情中强大的一方，另一方理所当然地应该听自己的。金星人关心的是现实，所以他们绝不允许自己沉迷于你侬我侬情深深雨蒙蒙的爱恋中。

在表白方面，金星喜欢干脆果断地告诉对方自己对他的爱慕之情，金星人很少会做暗恋者。同样，如果一个人追求金星人，那么最好能够直接向他表达爱慕之情。因为金星人喜欢做事干脆利落的人，最受不了欲说还休、扭扭捏捏的小家子气息。

当你准备向金星人表白时，记住两个字——“直接”，勇敢地表达自己对他的爱慕之情，同时不妨透露自己的身家价值。比如，你可以给对方带来怎样的生活品质。这时候，以目标、任务为导向的金星人会在内心权衡一番，如果你的条件让他觉得满意，他就极可能会立马答应。同时表白时切忌用“逼迫”的方式，这样会让强势、喜欢掌握主动权的金星人担心自己对全局失去掌控权。

其次，进入婚姻状态后，以目标为导向、控制欲强的金星人，责任心很重，为了给家人提供更好的生活品质，他们会勤勤恳恳地工作。在金星人看来，爱情需要建立在牢固的物质基础上，没有物质，爱情就是空谈，而物质基础越强大，爱情就会越牢固。也正是因为如此，他们总是会把大部分的时间投入到紧张忙碌的工作中，从而错过了很多与家庭共享欢乐的大好时光。

金星人非常热衷于社会交往，这除了和他们的人格模式有关外，还有一个原因是，丰富的社会交往会使他们认识更多的人，这些人可以在事业上给他们提供一定的帮助，可以让自己获得更大的利益。只有自己获得了更大的成功，才能让家人过上更有品质的生活。所以，在金星人看来，鱼与熊掌不可兼得，为了有更多的社交机会，只得让伴侣留守空房。

凡事都希望掌握主导权的金星人，在婚姻中不可避免地表现出自己强势的风格，他们往往会要求伴侣凡事都听从自己的吩咐。但由于金星人又不善于认错和谈心，如果伴侣听从吩咐，结果还好，如果伴侣不听从吩咐，那么争吵就会成为家常便饭。

争吵中，除非伴侣能够向金星人屈服，不然，这段关系可能会在彼此的争吵中无疾而终。如果在与金星人的争吵中，伴侣始终保持沉默，那么这会让金星人更加气恼，因为伴侣的不回应会让他觉得自己受到了漠视，这同样会导致双方的关系走向极端。

那么，情感中的金星人到底应该如何做，才能收获美满的婚姻呢？这要分两种情况而定：

1. **你是金星人**

作为金星人的你，应该多抽出时间陪陪家人和孩子，多跟伴侣沟通。同时，说话时要学会使用合适的措辞、委婉温和的语气，因为太直接和果断的话容易产生冲突。当你发现自己愤怒、急躁时，最好能立刻停止说话。如果继续任由自己的情绪发展下去，很可能会使矛盾更加激化、问题更加严重，甚至因此导致关系破裂。

还要学会帮助伴侣、体贴伴侣、关心伴侣，尽量不把工作或者不良情绪带回家，给伴侣和家人营造一种轻松平和的家庭氛围。

此外，强势、高傲的金星人还要学会在家中放下面子，学会先说对不起。先说对不起并不代表是你错了，但可以证明你更懂得珍惜对方。当你做到了以上这些要求时，你就会发现：原来，幸福离自己如此接近。

2. 你是金星人的伴侣

作为金星人的伴侣，你首先要学会理解和宽容。因为金星人是非常看重权威和尊严的，所以他们有时候往往会为了维护自己的自尊而变得蛮不讲理，这时候作为伴侣的你一定要学会理解他、迁就他。尤其是在公众场合，要给他足够的面子，不要给他泼冷水让他下不了台阶，如果真有让你非常恼火的事情，也要等到私下里再争论解决。

其次，当他们成功时，由衷地祝贺他们，要感谢他们为家庭付出的种种努力，要让他们感受到你对他们的崇拜之情。如果想让金星人在家庭生活中投入更多的时间和感情，那么，作为伴侣的你可以想办法将家庭打造成金星人的一项人生目标。一贯以目标为导向的金星人，一旦将家庭当成了一项人生目标，就会对家庭付出更多精力。

最后，你要经常以温柔关心的态度提醒金星人学会放松自己、注意健康，告诉他不管事业是否成功，你都会一如既往地陪伴在他身边。当他疲倦时，让他有个静静的独处空间安静和沉思，有需要时再温柔地鼓励他，让他慢慢地抒发自己的情绪。

总之，不管你是金星人还是金星人的伴侣，在情感生活中都一定要坚持有所为有所不为，这样才能促进双方的情感进而使双方更加恩爱。

二、木星人：松弛有道，爱是心灵的港湾

喜欢沉默、不善表达的木星人确实容易给人不易亲近的感觉，他们比较慢热，不喜欢太激烈、太热情的示爱。事事追求完美的木星人对任何事情都有一套自己的标准，他们关注细节、原则性强，对错、黑白泾渭分明，比较在乎精神层面，所以他们大到对自己的人生观、世界观、价值观，小到对锅碗瓢盆的摆放，都有一套自己的标准。这就使他们对伴侣的要求很高。

完美的木星人还有着很强的上进心和坚定的意志，他们最擅长为了达到某种目的而孜孜不倦地努力，这一方面的毅力是

其他“人格模式者”望尘莫及的。同时，木星人立志要每个细节都能够做到万无一失、绝对满意，如果不能恰到好处地达到自己的要求，他们就会不断地推倒重来，一直到自己满意为止。木星人在工作上是上司喜欢的员工，把工作交给他们做会绝对放心。不过在爱情中，木星人追求完美的决心，往往会令美满的爱情变得“危机四伏”。

小木25岁那年，经人介绍认识了男朋友阿华。阿华具有平和的性格，但是也热情开朗。小木作为典型的木星，情感细腻，做事严谨，她并没有随随便便地就与阿华交往，而是考察了阿华近三个月后，才正式与其交往。两人交往了一年，小木觉得阿华人还不错，值得托付，于是不久后两人便走进了婚姻的殿堂。

婚后的他们，起初还是挺开心的。但是一段时间之后，对自己要求高对别人要求也高的小木就要求阿华必须上进，不要做那种碌碌无为的男人。她对阿华是有高要求的：“我的如意郎君是一位盖世英雄，我要他脚踏着五彩祥云来娶我。”

由于小木过高的要求，以及对阿华多方面的不满意，阿华的压力与日俱增，两人之间的话题也越来越少。在一起的时候，谈论的基本都是怎么做好职业规划，未来需要过一种什么样的生活。小木认为，他们的未来必须有一个完整的规划，那样才能够滋养幸福的婚姻。

所以，小木和阿华在家里的绝大部分时间谈论的都是事业的发展及规划，阿华渐渐有了很强的逆反心理和逆反行为，虽然每次都听着小木的“高见”，但是心里非常不满意。对于阿华的“不上进”（其实阿华的收入并不低），小木觉得一个男人是要讲责任的，自己需要改造这个男人，让他成为一个完美、成功的男人。

每次回家小木都要给阿华谈事业规划、成功之类的话题，阿华越来越感到烦躁不安、压力重重。渐渐地，阿华回家越来越晚，有时候甚至夜不归宿。而这样更加让小木不满，两人之间开始不断地爆发争吵。

后来，有一天小木接到一个陌生女人的电话，陌生女人在电话里说：“你是小木吧，以后不准再跟我爱人联系了，我爱人根本不爱你，你们在一起根本不幸福，以后不准再纠缠了。我们已经在一起好一段时间了，他是我的。”

小木气急了，说：“你是第三者竟然还敢给我打电话！”当天晚上阿华回到家后，小木便开始质问他。阿华哭丧着脸说：“这个家让我感受不到一点温暖，每次回家你都喋喋不休，对我永远不满意，不管我如何努力，在你看来我都不够上进，我真的很累，我希望我们都能够反思一下。”

追求完美的小木见阿华不仅不认错，还要求自己反思，当即摔门就走。经过几天的思考，小木觉得阿华难以成为自己的终身伴侣，于是提出了离婚。而阿华也不想继续这种令人深受折磨的婚姻，便答应了小木的离婚请求。就这样，两人的婚姻在经历了一年多的时光后，走向了终结。

因为对凡事都要求完美，木星的思维方式和行为举动总有让人无法理解的地方，但他们并不会因为别人的介意而改变自己的行为方式，那样在他们看来，就是对完美的亵渎，是他们不能忍受的。这样的人格模式让小木一味地希望阿华能够更加成功、更加完美，却忽略了阿华的感受，从而导致了两人婚姻的破裂。

通过案例我们可以得知，小木在面对来自情感方面的矛盾和摩擦时，往往难以心平气和地和另一半好好沟通，她总会要求对方按照自己的方式来解决，她固执地认为只有这样才能让事情向完美的方向发展。但这样往往会使事情越变越糟，到最后无法收拾，只得以离婚作为结局。

当然，木星人也有很多优点，其中最大的优点就是忠诚，他们对伴侣一旦许下承诺便会矢志不渝，同时对家庭很有责任感也很顾家。

木星人追求纯粹的爱情，虽然这能够让木星人做一个尽善尽美的好伴侣，但同时他们也会以高标准、严要求来要求另一半。比如，他们会要求书柜要摆放在哪，书桌要摆放在哪，出门要怎样穿着打扮，等等。不过有木星人在家中，家里一定是干净整洁、井井有条的。

木星人最反感伴侣的哪些行为

1 生活中杂乱无章、随意散漫

2 对情感太过浮夸和热烈

3 对爱情缺乏忠诚

在情感的世界里，木讷、不善表达的木星人内心惧怕被拒绝，所以他们不会去打没有准备的仗，在没有搞清楚对方是否对自己有好感之前，他们一般会静观其变。他们常常故作镇定，其实是自信不足，他们极力隐藏自己的缺点，只为给对方留下完美印象，博得对方更多的好感。木星人总是试图将自己最完美无瑕的一面呈现在伴侣面前，这点在恋爱的时候或许可以做到，不过一旦步入婚姻，缺点的暴露便无可避免。因为没有人可以在朝夕相处的伴侣面前伪装自己。

五星人格

1. 你是木星人

如果你是木星人，那么对于木星人的人格模式特征你应该已经有了较为全面的了解，所以，在和伴侣相处的过程中，应该发挥自己的优势，更应该规避自己的不足之处。比如，追求完美的你，不要对伴侣的要求太高，要学会体会伴侣的感受，不要给对方太大的压力，要明白世界上并没有完美的人。

总之，婚姻是一场长跑，两个人只有互相体谅、互相关怀、真诚相待，才能让婚姻走得更远，生活更幸福。

2. 你是木星人的伴侣

如果你幸运地成为木星人的伴侣，那么在日常生活中你首先要做到的就是要保证自己的生活习惯符合整洁有条理这一标准。比如，用完的东西要放回原位，衣服不应该乱放，要按时洗澡刷牙，和伴侣约会可以早到但不能迟到……

其次，不要忘记他最喜欢什么和最讨厌什么，因为木星人会以这一点来判断伴侣是否在乎他、关心他和爱他。如果你忘了他最喜欢什么和最讨厌什么，不仅会让他觉得你不关心他，还会让他觉得你犯了错误。同时，作为木星人的伴侣，要时刻谨记并兑现自己许下的承诺，因为木星人对情感忠贞不贰，他许下的承诺就一定会兑现，所以他希望自己的伴侣也能做到这点。

如果你的伴侣是木星女，当你准备向她表白时，你要对她的标准有大体的认识，知道她最喜欢什么、最讨厌什么。记住，找一个隐秘些的地方，切忌热闹嘈杂的环境。另外，千万别跟她上演“闹市表白”的剧情，否则你将会感受到什么是“十动然拒”（十分感动，然后拒绝的简称）的感觉。木星人不喜欢华而不实、花哨浮夸的表白方式，表白的内容多些你们共同的兴趣爱好和未来的世界里你们可以同心同行的话语，让她感受到你们有共同的人生追求，心灵可以沟通。这样表达成功的概率就会大大提高。

作为木星人的伴侣，还需要做到的关键一点是，要学会体谅他。木星人追求完美、精益求精，所以常常会对伴侣体现出一种严谨的态度，这时候伴侣要懂得体谅对方，因为他是出于好意，绝非故意刁难。如果他太过严谨，你可以用幽默的言辞令他放松下来，这样也可以避免与他发生争执或者产生冲突。

当然，当意见真的有分歧或冲突时，多留意他的眼神和面部表情，如果他的眼里已经有怒火，你要建议双方先冷静一番，再找其他时机沟通。最后，当他主动向你诉说不愉快、伤心、生气的事情时，要耐心聆听并鼓励他宣泄压抑已久的情绪。木星人觉得诉苦、抱怨是不对的行为，所以必须得到鼓励才会放心释放自己。等他诉过苦后，自然会重新振作起来。

三、水星人：柔情似水，水能载舟亦能覆舟

善解人意、随和包容的水星人，在婚姻生活中是非常理想的伴侣。他们总是能站在伴侣的角度上考虑问题。一贯将家庭放在首位的水星人，常常为了家庭，总是心甘情愿地付出。即使在家庭中有委屈，也不轻易开口抱怨。生气时，他也不会跟伴侣大吵大闹，他们一般擅长冷战或者给脸色。当然水星人自己也是要学习慢慢敢于沟通，表达自己的情绪。

在家庭中水星人不会过多干涉伴侣的生活，他们很多时间都是各自做事、互不影响。他们明白人与人之间的界限，不会在对方的身上强加自己的意识形态。安于现状的他们，不喜欢改变，只要双方能平静幸福地相处就很满足了。

另外，水星人非常重感情，对感情很专一，水星人出轨的概率在所有人格模式中是最低的。水星人即便和伴侣分开了，也还会悄悄地关注着对方。不仅很难开始一段新的恋情，就连忘记旧的恋情对他们来说都是一件非常困难的事情。

水星人善良平实，性情温和，与世无争，他们常常能吸引很多异性，特别能赢得受过伤害的人的好感。在对方看来，他们是冬日的暖阳，与他们在一起能时时感到温暖和惬意。他们

能和爱人在一起互相融合，建立和谐、稳定的关系。

我的朋友老王有个独生女儿叫冰冰，这姑娘为人随和，有求必应。在工作中服从领导，是领导眼中的好员工；在家听从父母亲，是父母眼中的乖女儿。平常话不多，说话速度不急不慢，总等着别人主动问她意见，她才说出那么一二三几点来，说完还不忘谦虚一番。另外，在工作中、生活中遇到什么委屈，冰冰都只往自己肚里咽。对于自己的人格模式，冰冰自己很清楚，她是个标准的水星人。

冰冰在家里帮着相亲之前，没有谈过恋爱。因为父母不允许她过早地谈恋爱，觉得过早谈恋爱不安全，特别是在大学期间，天高皇帝远，怕一谈恋爱就会被男孩带坏了。所以，坚决不允许冰冰谈恋爱，要谈也要在自己眼皮子底下谈。

大学期间，温婉、乖巧的冰冰是男生们公认的未来好爱人，有好几个男生追她，约她，给她送花。冰冰一律拜托室友去拒绝，自己不出面，因为自己也不知道怎么拒绝。

回到小城，冰冰已经26岁了，父母开始愁她的终身大事，赶紧让冰冰相亲。冰冰笑着说："当年不准我谈恋爱的是你们，现在把我往外推的还是你们，你们到底要我怎么样嘛?"

父母都说："你现在年龄大了，不一样的，做好工作也要谈好男朋友，你想想啊，你今年26岁了，谈了男友到结婚也得2年吧，那就28岁了，就得生孩子了。”

冰冰笑着说：“我不着急，大不了不嫁了，跟你们生活在一起。”

妈妈说：“淼淼，你可不能这样，你们公司的业务主管小李不是不错嘛？你觉得怎么样啊？”

冰冰说：“我没有感觉啊。”

妈妈说：“要什么感觉，我和你爸就没有感觉，不就是过日子吗？”

冰冰说：“那我听妈妈的吧，妈妈说怎样就怎样。”

就这样，经过冰冰父母的撮合，冰冰和公司里的业务主管小李结婚了。因为冰冰是个乖巧、本分、善解人意的人，而丈夫也是个很有涵养的人，所以，两人的婚后生活非常幸福，几乎很少吵架或争执。

1. 你是水星人

水星人是生活中的“老好人”，他们善于倾听他人的感受，却常常忽视了自己的感觉。他们很少去考虑自身的想法、意见、目标，更不懂得表达出来。水星人有时过多地放弃自我表达的机会，也会招致伴侣的不满，尽管他们这样做是为了减少冲突，但伴侣会认为水星人是在逃避和推卸责任。尤其是需要水星人站出来承担和负责的时候，水星人却依旧不表态，墨守成规，这无疑会激怒伴侣，导致两人之间的矛盾升级。

对于水星人来说，本身的慢节奏加上做事喜欢一成不变，一步一个脚印。当感觉婚姻生活的日程太紧凑，没办法按计划办事或者计划总是被打乱，无法兼顾家庭及其他时，水星人一贯的从容和淡定也将慢慢消失，有时候会呈现出极度抓狂的状态。这时候水星人一定要暗自告诫自己，不要急躁，静下心来重新制定计划。如果一味地抓狂的话，就会和伴侣爆发出争吵、冷战。

水星人对人和事都较敏感，他们善于发现问题，但不善于解决问题，所以常常选择逃避问题，其实在他们的内心深处，知道问题是有的，但他们不知道该如何选择，他们害怕做出选择之后会引发冲突，所以他们通常会随遇而安，不表态，让问题自己去解决，而这也往往导致错失了解决问题的最佳时机。

当慢节奏水星人遇上快节奏的伴侣时，如果伴侣不懂得迁就水星人，一味在水星人后面催促他，这样很容易破坏水星人原有的节奏，使水星人乱了阵脚。当水星人发现即便打乱了自身节奏，依然难以跟上伴侣的节奏时，水星人就会陷入自卑、沮丧的情绪中。

所以，我给水星人总的建议是，要多和伴侣谈心，告诉他你心中的真实想法。有事情就要说出来，不要等着伴侣去领悟。遇到问题时，也要敢于去面对和解决，如果自己解决不了，可以主动寻求他人的帮助，千万不可任由事情发展，这样会使事情变得更加糟糕。此外，如果和伴侣有了矛盾，不要一味地冷战，长时间的冷战会伤害夫妻间的感情，对婚姻不利。

最后，凡事辛苦，皆为勉强，水星人在感情方面切记犹犹豫豫、拉拉扯扯，该断不断反而更乱，如果不喜欢一个人就要勇敢地说出来，不要为了怕得罪人或伤害人而扭扭捏捏不愿意说出来，这样会造成更多人的误解、伤害更多的人。

2. 你是水星人的伴侣

温柔随和、善解人意、随遇而安的水星人最需要的就是“安全感”了。水星人又是个比较慢热的群体，当你准备向她表白时，切忌太过突然或者太过冲动，你跑过去毫无铺垫地表白会吓倒水星人的。你可以先给对方一些温馨的享受，比如陪她去安静的地方散散心，再娓娓道来，表白内容要实在、朴实。同时，你要多给水星人一些家庭方面的承诺。

不追求轰轰烈烈更向往细水长流相伴到老爱情的水星人，喜欢安稳生活，常说随遇而安，一切随缘。在爱情中，他们总是属于被动的接受者，而不是主动的决策者。他们缺乏主见，很容易被别人的观点动摇，也不轻易表达自己的观点，喜欢随大流，不善交谈，所以他们大多数事情都会听从伴侣的建议。

作为水星人伴侣的你，要多鼓励水星人和你谈心，你在做任何决策时都要考虑水星人的感受，这样你们的感情才会更加融洽。

水星人一般情感较细腻，他们比一般人更愿意去了解自己的伴侣，他们常常习惯站在对方的立场上看问题，他们总是能摸透伴侣心里所想。不过他们不是一个花言巧语的人，但他们总是会从种种迹象中考察出伴侣的所思所想，并牢记于心。所以，作为水星人伴侣的你，要多关心水星人，不要欺骗他们，要给他们足够的安全感。

婚姻是一场旅行，只有旅途中的两个人互相体谅、互相安慰、互相鼓励，才能让这场旅途充满鸟语花香，才能使两个人的情感更加亲密无间。

四、火星人：激情如火，让爱的火焰永远燃烧

火星人的特质是热情似火、能说会道、有极强的表现欲，他们总希望站在人群中成为大家的焦点；他们也总是光芒四射，谈吐风趣，很快就能吸引住大家的注意力。所以，天性喜欢制造浪漫也最容易被浪漫感动的火星人，在情感方面基本上是崇尚轰轰烈烈的。如果你与火星人生活在一起，你将会收获

到许多意想不到的惊喜和浪漫。

具有火星人格模式特征的火焱，在情路上可谓轰轰烈烈。虽然火焱的年纪不大，但是感情经历非常丰富，正式谈过的女朋友多达 9 人。更令人感到奇怪的是，即便火焱与这些女孩分手了，这些女孩不仅不恨他，还一味地希望能和他继续交往。火焱的朋友经常在火焱身边说："你真像《天龙八部》中的段王爷段正淳，女性都对你着迷。"

不过，在这九个女孩当中，最让火焱记忆深刻的只有三位，她们分别是小柳、安安、阿朱。

中学的时候，火焱追求过一个女孩，这个女孩就是火焱的初恋——小柳。她们在一起不到两个月，就经常争吵，火焱觉得小柳蛮横无理，其实小柳只是希望火焱能多陪陪自己。火焱这个人在中学的时候就不闲着，校内校外的朋友就比较多，女孩子们也喜欢跟他在一起，这让自己的初恋女友觉得没有安全感。于是，两人谈了不到半年就分手了。

大学一年级的时候，小柳又找过来了，她跟火焱说，自己又交了一个男朋友，那个男朋友真的没意思，所以就分手了，想跟火焱重新开始。她说还是跟火焱在一起的时光最快乐，也最有意思。但是火焱此时已经有了女朋友安安，安安温柔如水地跟着火焱，火焱带着安安疯，安安才会疯，火焱安静，安安也就更安静。

安安家里条件很好，她的父母希望她能够出国深造，并且一直打算将来让安安嫁给家里的世交好友的儿子，两家联姻，家族会更加兴旺。安安的父母找过火焱，希望双方不要交往，理由很奇怪，父母说火焱太帅了，这种男人没有安全感。火焱对安安的父母表态说看安安的意思。安安是一个标准的水星人，所以一直没有勇气做出自己的选择，最后只得听从父母的意思，放弃了火焱。

火焱当时很伤心，但没多久就恢复了正常状态，毕竟他的朋友很多，忧伤在朋友们的关怀下很快就会散去。虽然大学期间又谈了 3 个女朋友，但都没有长久。大学毕业四年后，火焱终于结婚了，妻子就是阿朱。

虽然火焱已经结婚了，但以前的那些女友还是经常联系他，尤其是小柳和安安。她们的说辞很相似，大致意思是，自己跟火焱在一起的日子很疯很好，自己永远也不会有这么好的心境了，自己当时真的不知道珍惜，要是时光能够回去，她会坚定地跟着火焱走。

但是覆水难收，时光不会倒流，火焱觉得过去的就过去了，一切都回不去了。虽然自己也会和阿朱争吵，但从没有想过离婚。况且老婆阿朱很善良，为了这个家付出了很多，所以他不想背叛她。

交际广，能说会道会哄女孩，在多数人眼中，这绝对是优点，但如果换个角度，这也是一种不足。就以火焱为例，他有着极好的人缘，也深受异性的喜爱，所以他不愁找不到女朋友，但选择一多，他的目标就变得散乱了，自然就忽略了坚持的重要性。如果当初懂得坚持，给安安更多的信心，那么他和安安很可能会走到一起，可惜他没有。

身处恋爱阶段的火星人会更加喜欢浪漫的氛围，他们常常会制造各种浪漫的情景来给伴侣惊喜。当然，他们也更希望伴侣能给自己制造各种浪漫的惊喜。他们最为享受的就是成为焦点人物。

所以，火星人身上的各种优势让他们很容易就吸引到异性的关注，这也是火星人不缺异性朋友的原因。当然，如果你想吸引火星人的注意，首先要搞清楚火星人会对什么样的人感兴趣。一般来说，喜欢优点外露的火星人同样喜欢志同道合的人。如果你有漂亮的外形、幽默的谈吐或者高贵的地位等，只要能让他们内心感到愉悦和舒服，他们就会留意你。

对于火星人来说，爱情就是享受快乐，要追求轰轰烈烈、自由自在，他们不在乎天长地久只在乎曾经拥有，所以对承诺不以为然。火星人常常对此不解，两个人在一起快乐就可以了，为什么非要许下承诺呢？而且对于好玩的火星人来说，尽管内心也渴望组建家庭，但他们担心婚姻是爱情的坟墓，他们害怕婚姻会束缚住他们，令他们从此失去自由。所以对于患有“婚姻恐惧症”的火星人来说，在结婚之前他们都会纠结很久，然后万般无奈地走进婚姻的殿堂。

天生交际家的火星人最不能缺的就是朋友了，即使步入婚姻生活，火星人也没法改变这一点，所以有时候爱人不得不面对这个问题。比如，你让他周末陪你去逛街，他会告诉你他周末要和一帮哥们聚餐，没时间。这并非是火星人不爱你了，只是他的性格使然。

所以，只有火星人的伴侣试着理解他，这样你们的婚姻才会更甜蜜与幸福，否则就充满了无休无止的争吵。当然，有失必有得。虽然火星人朋友众多，有时候会没有时间陪你，但幽默浪漫的他们总是会给你制造各种浪漫或刺激好玩的事情来逗你开心，让你的生活充满快乐。

1. **你是火星人**

首先，要学会帮助伴侣，自己开心的同时，不要忘记配合伴侣。不能光顾着自己在外面玩，忘记伴侣的需要；其次，要学会珍惜伴侣。火星人的异性朋友比较多，面对的诱惑自然也会多，这容易让火星人犯错误。所以，火星人一定要学会珍惜伴侣，要明白只有伴侣才是能陪你走到最后的人。最后，不要总是缅怀婚前的快乐时光，要坦然接受人生每个阶段的变化，并且记住任何事情都是，你投入多少就能收获多少。当你全身心地对待伴侣、对待家庭时，你就会收获更多的幸福和爱。

2. 你是火星人的伴侣

当火星人为你制造浪漫时，不管你喜不喜欢，都要首先感谢他，别一句“尽整些没用的，浪费钱”，这样很伤他的心，也会让他觉得你很无趣，长此以往，你们的婚姻就危机四伏了。

同时，情绪容易产生波动也是火星人的一个特征，当火星人情绪激动时，伴侣要多聆听他的心声，即使情况真的并没有他描述得那么夸张，也不要否定他情绪的真实性，要多给他一点正面的思想，帮他驱散过度负面的想法。当他的心情糟糕时，不要追问事情发生的细节，或者企图让他接受你的意见，你只要安安静静地在他身边照顾他，他就会感受到你对他的爱。

喜欢炫耀的火星人对批评是非常敏感的，这会让他们感到尊严受到侵犯，所以，伴侣在和火星人相处时，要对其多些包容、少些批评，即便你对其不满，也要用委婉的言辞来告诉他们。

五、谁是适合我的人：当火星人遇到金星人

女：筱雯 1991 年

男：彬彬 1986 年

他们在 2015 年一次五星人格的课程上邂逅，那年，她 25 岁，课堂上阳光开朗的她被确认为“火星人”，尔后她当着大家的面问老师：“谁是适合我的人呢?”

老师横扫了一圈，指着一位高鼻子、严肃认真的男孩说，就是他了。从这一天起，她开始被悄悄地关注；而她，也开始好奇，为什么偏偏会是你？因为他们前一年就知道彼此，在两条平等线上各自安好，老师一语道破天机，让两颗原本距离并不遥远的心慢慢地近了。

男孩有自己既定的目标，并且按自己的规划一步一步地接近目标。女孩生活比较随性，善良，宽容。男孩为了她开始尝试说更多的话，知道她的身体不太好，从网上搜集各种养生偏方，亲自为她熬中药调理身体；女孩被感动了，为了照顾他，她愿意从十指不沾阳春水到为他亲自洗手做羹汤；偶尔他们也会争执，因为有了“五星人格”的基础，他们更愿意把情绪放在一边，合理地分析原因，解决问题，共同进步。

五星人格

筱雯认识他以前，不怎么骑单车。满大街的共享单车，筱雯只是看看而已。在彬彬看来，这个并不难，用一天时间就可以让她学会，现在筱雯可以驾驭榕城任意一款单车。茶余饭后，他们常常穿梭在榕城的大街小巷，一起去看更多的风景。

你想知道谁适合自己吗？理想中的TA是什么模样？我跟TA之间会擦出怎样的火花呢？大家可以关注公众号“五星知恋”，根据提示进行测评，即可收获一份惊喜。

Chapter 6

第六章
五星人格与亲子陪伴

在亲子教育中，除了关注孩子成绩，家长更需要注重培养孩子品质。在陪伴孩子成长的路上，家长也应先认知自我、完善自我，通过自我的学习和精进促进亲子教育。五星人格作为认识自己、了解他人的工具，结合五星人格的学习有助于家长因材施教，更好地陪伴孩子健康快乐地成长。

一、五星人格让生命发光

我经常听到许多父母这么问：

“老师，孩子在学校乖不乖？”

“哦，听话啊，太好了！可是……会不会太安静太内向？”

“老师，孩子上课有没有积极举手发言？”

“有啊，太好了！可是……上课有没有乱讲话？”

……

可怜天下父母心。他们既担心孩子吵闹惹出乱子，又怕孩子太文静受人欺负；既盼望孩子表现出众，又唯恐孩子乱出头。恨不得给孩子安上一个名叫“动静模式识别仪”的内置程序，从此孩子该安静的时候静如处子，该活泼的时候动如脱兔。

这种心态里，溢满了父母对孩子的爱，以及所有最美好的祝愿。但，请想想，你爱的是眼下这个正用柔软的小手牵着你的大手的孩子，还是你想象中的那个完美的孩子？

是的，希望自己的孩子动静皆宜、处处完美的父母，你们爱的不是自己真实的孩子，不是自己这个小小的、和你一样会出各种状况、正在磕磕绊绊长大的孩子，而是戴着光环、完美无缺、世上根本就没有的孩子。

一位充满理解和温暖力量的心理学家——河合隼雄是这么形容孩子的这个成长时期的，他称它为“茧”。看上去，孩子像“茧”一样纹丝不动，但是内在却经历着巨大的变化。这时候，我们做父母的如果急于想打开茧，让他快点出来长大，推着孩子说：“做啊！快点做啊！”也许他会更加畏惧，更深地缩回茧中。就好像如果你提早帮蝴蝶把茧打开，蝴蝶出来后，是无法展开翅膀的。蝴蝶正是在自己艰难地打开茧的过程中，翅膀逐渐硬朗起来，最后轻盈地展翅而飞的。

面对处于“茧”中的孩子，我们能给予的，除了“陪伴”和“等待”，还有最重要的“相信”：相信正处在“茧”中的孩子，内在经历着外表看不出的成长，相信孩子能够依靠自己内心成长的愿望和力量破茧而出。你一定要充满耐心地陪伴，充满希望地等待。

每一个孩子都会遇到不同的“茧”时期：安静的，或者不安的“茧”。让我们耐心地陪伴“茧”，相信孩子一定具有得天独厚的成长之力。“亲子之间丰富的语言交流是一个家庭最大的财富。”日本绘本之父松居直这句话道出“陪伴”和“等待”本身就是一份无形的财富，不要因为急于看到孩子的成长而丢失了当下的珍贵时光。在陪伴中，不知不觉，我们会发现孩子破茧而出，发展出新的模样。孩子按照自己的方式成长，这就是上天给予我们最完美的礼物！

纪伯伦有一首我非常喜欢的诗歌《你的儿女其实不是你的》：

你的儿女，其实不是你的儿女。

他们是生命对于自身渴望而诞生的孩子。

他们借助你来到这世界，却非因你而来，

他们在你身旁，却并不属于你。

你可以给予他们的是你的爱，却不是你的想法，

因为他们有自己的思想。

你可以庇护的是他们的身体，却不是他们的灵魂，

因为他们的灵魂属于明天，属于你做梦也无法到达的明天，

你可以拼尽全力，变得像他们一样，

却不要让他们变得和你一样，

因为生命不会后退，也不在过去停留。

……

每每读来，内心都有深深的震撼。孩子的成长是孩子的，不是父母的。请你不要将孩子的成长视为己有。就像太阳只发出光和热，至于种子，破土发芽前没有任何征兆，萌发出的无论是花草还是树木，都能接受到阳光的温暖。万物欣然生长，你和孩子漫步其间，请相信成长的力量，我们都是“生命对

于自身渴望而诞生的孩子。”

在陪伴和等待中，作为父母，如果能深入了解自己和孩子的人格模式，尊重、包容孩子的性格和行为，那么在孩子的成长之路上会减少很多不必要的误解和痛苦，增添无数快乐美好的回忆。

二、金星人父母：学会放手，让孩子勇敢地飞翔

即便是为人父母，金星人以目标为导向的秉性同样不会改变，金星人对孩子有明确的目标，希望自己的孩子能在人群中脱颖而出，出人头地，所以他们对孩子寄予厚望，从小对他们严格要求。

为了让孩子成为一个成功的人，他们会为孩子制定许多规则，并严格要求孩子遵守这些规则。孩子如果触犯了这些规则，轻则会受到金星人的批评，重则会受到金星人的责骂甚至挨打。他们绝不允许孩子违背自己的意愿，更不允许孩子顶嘴，只可以无条件地服从、听话，在众人眼中，金星人就是典型的狼爸虎妈。

金星人虽然对孩子很严厉，很多时候会让孩子感到伤心，但他们并不为此感到后悔，因为他们心中有一个信念：现在对

孩子严格要求，孩子长大后，会明白父母亲的苦心，会感激父母曾经对他的严格要求。因为这种严格要求将他们塑造成了生活中的强者、事业上的成功者。

金强从儿子出生那天起，就全权包揽了儿子的教育权，用他的话来说就是，儿子代表着这个家庭的未来，他要把儿子打造成一个卓越的成功者。从那时候开始，金强一直扮演着严父的形象，他认为只要树立了权威，孩子的教育就容易多了。所以作为一名严厉的父亲，他跟孩子说话的方式，几乎都是命令式的口气。他不允许自己的孩子对于自己的话语提出质疑，当孩子质疑了，他会用更大的吼声压下去，直到孩子屈服为止。

如果孩子还不听话的话，金强很容易用“武力”去吓唬孩子，当然，孩子哇哇哭几声，就被金强喝止了。“不许哭!”是金强打骂孩子之后必说的一句话。

虽然有时候金强也觉得自己对孩子太过严厉了，想适当地放松一下，但一看到孩子，他马上就转换为一副严肃的面孔，好像生怕在孩子面前失去了权威感，以前的努力都前功尽弃似的。金强在管孩子的时候，绝不允许爱人说话，哪怕是公道话。如果爱人帮孩子说话，金强就会对爱人发火。强势的金星人格模式让金强与儿子小伟之间的关系很生疏，小伟对父亲的情感更多是害怕。

在一个星期六的清晨，金强要送小伟去培训班补英语，但小伟不愿意去，躲在被窝里不肯起来。

妈妈在边上说："小伟，起来啦，不然要迟到了。"

小伟说："我真的不想去，我想多睡会。"

妈妈说："乖小伟，起来吧，再睡就要迟到了。"

可是，小伟翻了一个身，还是不起床。

楼下，坐在车上的金强冲着楼上喊："怎么还不下来？每次你们都慢吞吞的！"

妈妈对着窗户对金强说："你家宝贝儿子不肯起啊。"

在楼下等了十几分钟的金强马上就火大了。本来今天的情绪就不佳，于是"嘭"地一声关了车门，气哼哼地上楼。进了房间，没有说话，直接把小伟的被子掀开，大吼道："你到底要不要起来！是不是想挨打了！"

小伟一听爸爸的语气，知道爸爸已经是怒火中烧，赶紧一骨碌就起床，刷牙洗脸。五分钟不到，小伟就坐到了车里。一路上，车里寂静无声，小伟更是小心翼翼，唯恐一不小心爸爸再发火。

金星父母掌控欲望强，所以他们非要控制孩子不可，控制孩子最明显的做法就是帮孩子做好每一个决定。即使孩子不同意，他们也照自己的计划来，甚至不对孩子做任何解释。金星人果断干脆的性格也让他们不善于控制自己的情绪，所以他们常常提高嗓门，用自己的火爆脾气来展现家长的威严，这也会导致孩子常常觉得自己的父母不爱自己、不懂自己。

金星父母不善于认错，所以即便有时候觉得自己错怪了孩子，他们也不会对孩子低头认错。他们也没有耐心倾听孩子的想法，总是用命令、指示性的语气与孩子交流。

2013 年最火的真人秀节目无疑是《爸爸去哪儿》，这个节目引发了亲子陪伴的热潮。在参与节目拍摄的几位家长中，郭涛的教育方式无疑最引人争议。担当父亲角色的郭涛粗犷直接、对儿子石头有自己严格的要求标准，当石头没有达到他的标准时，他很容易发怒。对此，郭涛有自己的解释：“我作为父亲就应该施展自己的特权。”他追求“纯爷们”的教育方式，在家庭教育中，他绝对占主导地位。同时，在追求“纯爷们”教育下，郭涛自己希望能跟石头建立一种哥们式的关系，所以郭涛还是很愿意跟自己的孩子沟通，比如节目开录前，石头不小心骨折了，面临到底要不要参加节目时，能征求孩子的意见。这一点是火星人格模式的体现。所以，扮演父亲角色的郭涛五星人格的主人格模式为“金星 + 火星”。

2015 年 5 月火爆荧屏的《虎妈猫爸》电视剧，因为话题热门且接地气，被众多观众青睐和喜爱，收视率也一直稳坐头把交椅。剧中扮演狼爸杜峰一角的韩青因为精湛的演技获得了观众的高度认可。剧中的杜峰是个典型的金星人，他强势、专横、严厉、争强好胜，对儿子杜一诺的管教非常严格，为了达到自己的要求，不惜对儿子动手打骂。在他的严厉管教下，儿子杜一诺年少老成，成绩一直是班里翘楚，但儿子也为此失去了少年本该有的一些快乐。

虽然金星父母的教育方式很容易让孩子成为一个优秀的人，但凡事皆有利弊，像弹簧一样，力度过大了，就容易断。孩子在高压政策下，往往会出现压抑、叛逆、自虐等不良现象。并且，孩子与金星父母之间很容易产生隔阂，缺乏该有的亲密度。

那么，金星父母亲如何改善自己教养孩子的方式呢？

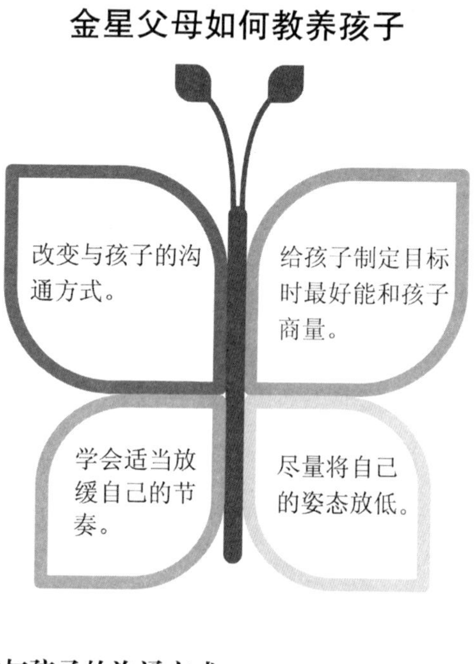

1. 改变与孩子的沟通方式

金星父母特别容易走上专制军事化的教育方式，他们常常对孩子们说“你必须 7 点起床！”“这次考试，你必须考 100 分！”“跟你说了多少次了，怎么还犯这个错！”

金星父母应该尝试着改变与孩子的沟通方式，虽然直接、果断、居高临下的沟通方式可以帮助金星人在职场中更加高效地开展工作，但是家庭是个追求和睦、爱的地方，所以，金星父母最好能够放下自己的面子、地位，将自己的姿态放低，培养自己的耐心，尝试问问孩子在学校的情况，不要只是关心孩子的学习成绩。

金星父母要认识到一点，过于直接、尖锐的话语容易伤害孩子的情感，当你控制不住自己的情绪时，心里告诉自己：深呼吸几分钟，再讨论这个问题。当你学会了少用命令、指责的语气和孩子说话时，你将发现自己与孩子的关系会越来越融洽。

2. 给孩子制定目标时最好能和孩子商量

金星父母在给孩子制定目标时，不要像以前一样只按照自己的想法来独断专行，可以尝试着与孩子商量，在商量中确定共同的目标，那么孩子在完成目标的过程中，也将更有把握，态度更积极。

3. 学会适当地放缓自己的节奏

金星人是快节奏型的人，做事干脆利落，果断坚决，非常反感拖拖拉拉。而孩子由于天性使然，所以在这一方面存在着明显的短板。拖拖拉拉、磨磨蹭蹭基本上是每个孩子的特性。尤其是在一家人外出时，这种现象最为明显。比如说，你已经收拾妥当在门口等着孩子出发了，可孩子还在磨磨蹭蹭，不是衣服没有穿好，就是还在嘻嘻哈哈地玩闹。这时候父母一定要沉得住气，千万不要大动肝火，要委婉地催促孩子快点出门，否则的话，外出游玩的大好氛围在出门前就被破坏了。所以，金星父母应当适当地放缓自己的节奏。

4. 尽量将自己的姿态放低

强势、喜欢掌控全局的金星父母，需要明白一个道理，家不是职场，孩子不是你的下属，家是个讲爱的地方，所以，请放下你的尊严、身份、地位，尝试着和孩子平等地交流，你们的关系会更融洽，孩子更能从心底里佩服你和尊敬你。当发现自己错怪了孩子时，更应该勇敢地放低自己的身份，向孩子道歉，这不仅不会有损你的权威，还会给孩子树立一种良好的榜样。孩子会因为你的行为而更加尊敬、崇拜你。

总之，金星父母不用凡事都必须掌控在自己手中，给予孩子一定的自由，让孩子在相对自由的空间里，可以更好地发挥他们的才能。并且，对孩子适当地放手也可以给予自己更多的自由空间，所以，这样对双方来说，都是利大于弊的。

三、木星人父母：完美的亲子关系来自于不追求完美

完美主义的木星人，在家庭中，也渴望依据自己的标准和原则培养出一个完美孩子。他们总是全神贯注地将自己的人生理念贯注到孩子身上，并希望孩子能遵守自己的人生准则，比如：要做就做到最好，要不就别做 。

爱思考的木星父母，他们从孩子小的时候就开始培养其爱思考的习惯，他们鼓励孩子多看书、多发问，一起去寻找答案。他们希望孩子能养成专注的习惯，能集中注意力做好每一件事情。

木星父母含蓄内敛，不轻易流露自己的感情，总是平铺直叙。他们不轻易发怒，常将情绪压抑在心中。他们一般都熟知各种教育理念，然后遵循各种教育理念，对孩子进行苦口婆心地说教。而且木星父母的说教充满着逻辑性、思维条理清晰，不是想到什么说什么，孩子一般没有办法反驳，当然这很容易让孩子嫌麻烦。

木星父母非常关注细节，他们对房间东西的摆放都有自己的一套规定，所以木星父母经常要求孩子能好好整理、归纳自己的东西，凡事力求井井有条。如果孩子不能做到，那么木星

父母就开始边帮忙收拾东西，边念叨要整理好，直到自己不想说为止。

木森的女儿今年6岁，小名叫冬冬。冬冬性格十分外向，特别爱表达，话多，而且说话比较夸张。木森一听到女儿夸张的说法，就开始对她说教了："冬冬，你的表达有问题，你说得太过了。"而且冬冬平时总是丢三落四，不爱收拾东西，这点让木森很生气。木森已经唠叨过无数次了，但总是被冬冬的伶牙俐齿所打败，只能自己继续唠叨。

"冬冬就是爱玩，做什么事情都不专心，虎头蛇尾的，愁死我了。""你说我自己这么喜欢安静，生了个孩子，老不着家，整天想往外跑。太调皮了，我都拿她没辙了。"木森在和闺蜜聊天的时候，说得最多的就是这句话。闺蜜只能劝她："你看冬冬多好啊，伶牙俐齿的，人见人爱。不是孩子不好，是你的要求太高了。"

一天，老师要求冬冬回家和父母一起做个手工，就是将一页纸板上的汽车图纸全部剪下来，然后用胶带纸和胶水黏上，做成一个汽车。指导老师说这项课外作业是为了培养训练孩子做精细动作时的耐心和细心。

回到家，冬冬就在桌子上忙开了，还招呼木森来帮忙。在制作的过程中，冬冬对于桌子上的剪刀熟视无睹，直接用手撕图纸，因为她不喜欢用剪刀。她边撕边对木森说："妈妈，我跟老师说了，我做的汽车肯定是最棒的。老师说她相信我是最棒的……”

木森并没有认真听冬冬的话，而是对冬冬用手撕图纸的行为皱起了眉头，木森不等冬冬说完话，就说道：“你怎么能用手撕呢？这样图纸都裁剪不整齐了，怎么会做出漂亮的汽车呢？你赶紧用剪刀吧。”

冬冬听了木森的话，嘟着嘴说：“妈妈，你可别瞧不起我，我肯定会很棒的。”冬冬还是坚持着手撕图纸的方法。此时的木森已经有点生气了，便不耐烦地说道：“你怎么还用手撕呢？用手撕你看多不齐？”

可是，冬冬依然满不在乎地说：“妈妈，没事儿，这样速度快。”这下木森发火了，她从冬冬的手上夺过图纸，然后拿起剪刀裁剪起来，边裁剪边说：“你怎么这么不懂事，都告诉你用手撕是不行的，你怎么就听不进去，你看用剪刀裁剪的图纸多整齐。你用手撕，怎么可能做出最棒的汽车……”

冬冬见妈妈夺走了自己的图纸，还唠叨个不停，便伤心地哭了。当然，这项家庭作业最后基本上都是木森代做的。

追求完美的木星父母在教育孩子的过程中，总是要求孩子每件事都按“正确的”方法去做，并且不能容忍任何偏差。加之木星人不善于表达自己的情感，所以在教育孩子的时候往往采取的是说教的教育方式，较少表达自己对孩子的爱，这样往往会造成孩子的误解，使孩子在心里反感父母。

那么，木星人应该如何做，才能和孩子更好地相处，与孩子建立起更亲密的亲子关系呢？

木星父母如何与孩子建立亲密的亲子关系

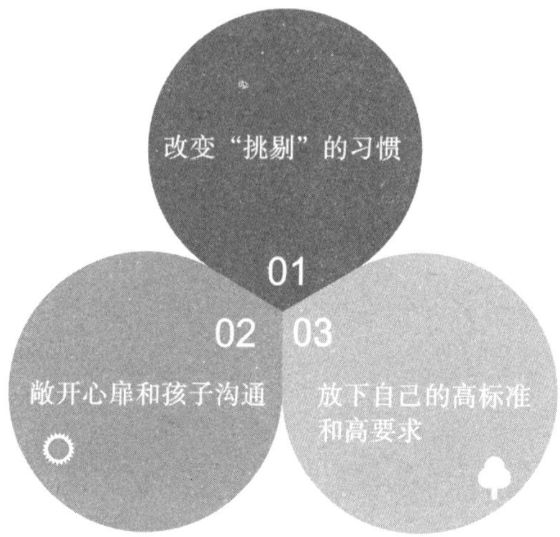

1. **改变“挑剔”的习惯**

木星父母追求完美的性格在孩子看来就是一种“挑剔”的习惯，当孩子不能达到某种标准时，或者没有按照木星父母所要求的正确方法执行时，木星父母就开始“挑剔”了。要知道，孩子非常不喜欢父母为自己制定的各种标准和要求，这不符合孩子无拘无束的天性。

所以，木星父母一定要意识到，那个标准只是你的、你认为正确的标准。个人的差异性很大，个体的思维方式也不一样。要知道正确的方法不可能只有一种，应该鼓励孩子多发散自己的思维，发挥自己的创意，这样孩子才能更早地拥有自己的认识和思想，而不是被父母的各种规定培养成一台机器。

即便孩子因为没有遵守父母的规定而犯下过错，只要不是太严重，最好不要批评孩子。毕竟，人都是在不断地犯错中吸取教训，学会成长的。对孩子要多鼓励，少打击。

2. 敞开心扉和孩子沟通

爱思考、不善表达的木星父母，不喜欢当面直接与孩子展开沟通，更不喜欢用直白的语言表达对孩子的爱和关心。即便有心事、有想法，也是闷在心里不愿意说出来。比如说，木星人因为刚遭遇了一件非常恼火的事情，心里非常生气，但并没有把这些情绪告诉孩子，而孩子当时正在大喊大闹地玩耍，让木星人觉得非常烦躁，于是，木星人就对孩子发火了，也借此把怒气撒在了孩子身上。这对孩子是不公平的。

木星人只有多和孩子沟通，告诉孩子你心中的想法，比如，你为什么要对孩子那么严格，为什么总对孩子不满意，是因为你希望孩子将来能成为一个优秀的人。当父母把这些想法告诉孩子后，孩子才会对父母多一份理解和感激、少一份埋怨和不满。当父母尝试着用温和、关心的语气表达自己的质疑和反对意见时，你就会发现孩子其实很懂事。

3. 放下自己的高标准、高要求

木星父母要多和孩子玩耍，多陪伴孩子。在陪伴、教育孩子的过程中，请放下自己的高标准、高要求。不要总是太局限于孩子是否做得好、做得完美，是否达到了你给他制定的各种要求和标准，要承认人无完人，更何况还是个孩子。木星父母应该多注意孩子的心理健康，多激发他们的潜力，试着控制自己爱挑剔的“毛病”，凡事不能太严肃和认真！即使是要“挑刺”，也请多用关怀的语气来表达你的要求。

总之，木星父母一定要记住，在亲子关系中，孩子不是等着被铸造的东西，而是等着被父母理解的人。所以，木星人在教育孩子的过程中，一定要学会放轻松，凡事不必太较真，尽量为孩子营造一种宽松的成长氛围，这样你会发现，亲子关系原来可以如此融洽，你的孩子原来可以如此优秀。

四、水星人父母：和孩子一起成长，迎接风雨考验

温柔随和、善良大方的水星人是最佳的好丈夫、好妻子、

好父母人选，他们心甘情愿地为家庭奉献自身。他们有很好的同理心，善于制造和谐融洽的气氛。他们通情达理，常常能换位思考，为对方考虑。

在水星父母眼里，家庭是最重要的，他们总是充满着爱，时刻想着家庭成员的需要。所以，在水星家庭里常常洋溢着爱的氛围。水星父母的生活基本上围着孩子转：看孩子冷了还是热了，渴了还是饿了？晚上孩子在做作业时，总是进去问下有什么需要，或者让孩子先喝杯牛奶、吃个苹果等。水星父母几乎把所有的爱都全身心地投入到了孩子身上。他们为了家庭，可以放下自己如日中天的事业，甘心在家默默奉献。他们总是怕对孩子关心、照顾不周，希望孩子能尽量在平稳的环境里健康成长，他们总是无微不至地照顾着孩子，想尽一切办法给予孩子足够的安全感。

水淼生了一个儿子，小名叫小树，8 岁，上小学了。这孩子在家里、在学校都很细心，自己的课桌总是收拾得井井有条，自己的东西不喜欢让别人碰。孩子爸爸是当地政府的一名年轻官员，平时很忙没有时间教育孩子。于是，所有的教育都落到了水淼身上，水淼也为此辞掉了自己的工作，且没有一句怨言。

水淼下班去接孩子，在学校门口，孩子见到妈妈，说：“妈妈，你今天的包包没有带啊，你的包包呢？”

水淼说："我放在车上了，反正也没有什么贵重东西。"

小树说："哦，我看你天天都是带着的，今天没有带，我就问一下，我怕你丢了。"

水淼心想："我这个儿子，心思比女孩还细，不知道是好还是不好呢?"

小树说："妈妈，今天我的两支笔都被同学弄断了，我在做作业，两个同学在玩，把我的笔袋弄掉在地上了，他们脚踩上了，笔都被踩碎了。我跟他们说，要他们赔，一人赔我一支并且明天带钱给我。否则，我明天就去告诉老师，看老师怎么惩罚他们。"

水淼说："没关系，小事情，不用告诉老师了，你也别生气了，这样，妈妈再给你买两支吧。不要人家孩子赔了，人家也不是有意的，下次你把东西放好就行。"

小树说："妈妈，我们老师说了，损坏东西就要赔偿。他们应该赔偿的，要讲道理的。"

"算了，听妈妈的，不要他们赔偿了，让他们知道错了就行了。"水淼说。

小树心里还是犯嘀咕，但妈妈一直这样说，就算了。"不过要是下次他们再弄坏我的，我一定要他们赔。"小树这样说了一句。

在这个短短的故事中，我们可以看出，妈妈水淼是个非常善解人意的人，并且非常疼爱儿子。但是，她也有一些不足之处。比如说，觉得儿子心太细，但又不愿意说出来；因为不想惹太多的麻烦，就教儿子不要太坚持原则……这些都暴露了水星父母在亲子关系中的不足。

水星父母如何教育孩子

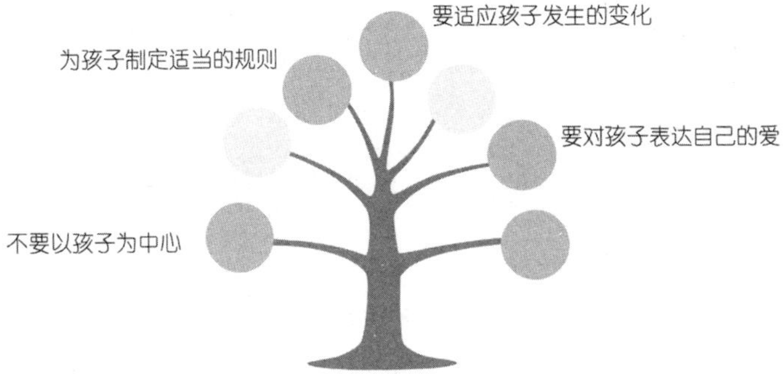

水星父母喜欢包办孩子的一切。比如说，在生活细节方面，会过度细心精致地照顾孩子，这样虽说可以让孩子更舒适，但往往会导致孩子在生活上难以自立。所以，水星父母应该让孩子尝试着自己动手，做自己力所能及的事，否则长大成人后，进入社会，生活容易难以自理。

水星父母常常为了避免冲突，维护家庭的和谐，容易对孩子的要求妥协。如果孩子要一件玩具，你觉得买这个玩具没有什么意义，不想给孩子买。但孩子多叫几句，你的心就开始动摇了。如果孩子开始哭闹了，那么水星父母遇到这种情况就没辙了。尤其是在公共场合，孩子胡闹对水星父母来说场面实在是太尴尬了。为了避免这种尴尬，水星父母就选择了妥协。这样一来，孩子会如法炮制，而水星父母同样会选择妥协。

水星父母遇到这种情况，一定要狠下心坚定自己的立场。一时的尴尬场面，可以帮助孩子更好地建立原则，而过度的妥协也容易让孩子建立不良的世界观，比如，孩子成年后容易依赖父母。现在的啃老族现象很大一部分原因是因为父母以前过度妥协造成的。

另外，水星父母总是一味心甘情愿地付出，很难让孩子学会感恩。水星父母要试着放手，不要对孩子的所有要求都无条件地答应与满足，溺爱容易导致孩子走入歧途。当孩子犯错了，水星父母也别急着站出来帮孩子处理好问题，应该让孩子学着自己去处理。

水星父母都是偏内敛型的人，不善于用语言、肢体动作表达自己的情感。水星父母可以外向些，除了在日常生活中要无微不至地照顾孩子外，也要敢于把爱说出来，让孩子更直接地感受来自父母的爱。

当然，对于随和的水星父母来说，有时会因过度满足孩子的要求，反而使孩子不能茁壮成长。所以，水星父母千万不要对孩子有求必应，应该对其建立一些规则并严格执行，要知道，孩子必须承担他们的行为所导致的合理后果。这样可以提高孩子从小明辨是非、判断黑白的能力，长大后也更能自律。

同时，追求稳定的水星父母比较难以接受变化，而在孩子成长的过程中，往往会发生很多变化，比如孩子长大离开家、孩子的喜好发生了改变等，对于这些水星父母一开始会觉得很难接受。所以，水星父母要提前做好心理准备，要多告诫自己，世界上没有什么是不变的。那么当变化来临时，水星父母就能较好地处理，不至于手足无措，陷入不安中。

最后，以家庭、孩子为中心的水星父母，别把所有的时间都给了家庭和孩子，要空出一些时间给自己，放松放松自己的情绪，这并不表示你不爱孩子了。因为只有让自己的情绪疏通后，才可以更好地投入家庭，才能扮演好自己的角色，让孩子、让家庭更幸福。

五、火星人父母：快乐与规则并存，活泼与严谨兼具

火星父母特别喜欢热闹的气氛，他们擅长与孩子讲故事、玩游戏。所以，火星父母是最容易与孩子打成一片并成为亲密朋友的一类人。同时，天性爱玩、爱交际的火星父母，往往喜欢丰富多彩的生活，所以他们经常外出，不是与朋友欢聚，就是参加各种活动。当然，在此期间，他们不可能把孩子一个人

扔在家里，他们会给孩子安排多姿多彩的活动，让自己的孩子有个欢快的童年。这也非常符合为快乐而生的火星人的生存理念。

火星父母永远都对万事万物充满着好奇，他们乐于助人，又积极乐观，这对孩子都能起到很好的榜样作用。他们很难对自己的孩子板着冷酷的脸，好好说教一番。他们面对孩子所犯的错误，也总是嘻嘻哈哈地应付过去，也很乐观地觉得孩子下次会改过来。他们对孩子没什么要求，只希望他能快乐地成长。所以，火星父母对孩子很容易娇惯，很难建立清晰的是非观念。

火峰的儿子5岁了，年龄虽小，但脾气可不小，他便给儿子起了个小名叫火药。

火峰常想起自己小时候，也是脾气不好，一会儿哭一会儿笑，是爸妈眼中的“人来疯”。自己从小就喜欢在人群中表演，当听到别人的称赞时，自己会表现得更来劲。在学校里，听到老师提问，说谁来抢答，自己一般会第一个站起来，然后摸着脑袋问老师能不能把刚才的题目再说一遍，因为自己刚才光顾着举手了，压根没有听清楚老师说的问题。为此，常常引来同学们的哄堂大笑。不过老师也很善良，不仅不批评自己，还夸自己太可爱了！

火峰在教育孩子的过程中，经常会遇到火药发脾气的情况，不过火峰很少当回事儿，碰到自己心情好，还开玩笑逗逗儿子，儿子一下子也就乐开了怀。但是，困扰火峰最大的问题就是自己常常控制不好自己的情绪。尽管如此，火峰还是很少去批评儿子，因为火峰只要自己的儿子能快快乐乐地成长就很满足了。

火药脾气大，爱哭闹，但也是古灵精怪的孩子，很多事他还是很懂的。也许哭闹只是为了发泄，火峰看到孩子哭闹，不但不生气，还跟孩子闹。火药妈妈无奈地在一旁看着他们父子俩，哭笑不得。

比如有一次，火药因为看到隔壁小朋友有个玩具，就跟火峰要，大晚上的要火峰去买。火峰说白天去买，火药不干，躺在地上大哭大闹。火峰在旁边笑着，他跟火药说：“火药，你看你，哭的时候，嘴要张大点，要哭也要认真一点地哭，你哭得一点都不好看。”说着，火峰就给孩子演示张大嘴的样子。

孩子更生气了，于是真的张大了嘴哭，可哭了不到十秒钟，就上气不接下气，哭不动了。这时，火峰在旁边鼓励道：“你继续张大嘴哭，哭完了告诉我哈。”

火药不哭了，很生气地说：“哼，我不哭了，我干嘛哭给你听？我不哭了，我自己看电视。”说完就自己起来了，擦了擦眼泪，坐到妈妈身边看电视去了。

火峰坏笑了一下，说：“嗯，这样最乖了。来，爸爸陪你看电视。”火峰忍不住抱了抱儿子，一起看电视去了。

天性乐观的火星父母，在教育孩子的过程中，往往也是活泼可爱的风格。同时，聪明的火星人还会把自己的优势传递给自己的孩子，比如火星人会将自己乐观开朗、能言善辩、善于交际的优势教给孩子。

不过，由于火星父母一直有着大大咧咧、不拘小节的性格，且忘性大，所以一直意识不到自己的不足之处，这些都会影响到对孩子的教育和亲子关系的融洽。

火星父母如何打造和睦的亲子关系

所以，火星父母在培育孩子的过程中，要想打造良好的亲子关系，就需要做到以下几点：

1. 锻炼自己的记忆力

火星父母要好好锻炼记忆力，因为火星父母的忘性不是一般的大，他们常常会忘记一些关于孩子的事情。比如周六下午要带孩子去游乐园玩，但自己却忘得干干净净。另外，火星人为人父母后，应当适当地减少外出聚会、玩乐的频率。因为外出频率越大，琐事就会越多，注意力就越难以集中，记忆力就会越差。

火星父母可以把各种待办事项制成一张计划表，按照计划表上的内容严格执行，这样可以有效地提升记忆力。虽然说火星人最不喜欢制定计划表，喜欢随性而为。但为了给孩子树立一个有纪律、能自律的榜样，火星父母必须适当地制定计划、注意细节。这样不仅可以避免忘记和孩子有关的重要事项，还可以避免自己陷入一团乱麻的状态。

2. 尝试给孩子建立规则

火星父母健忘多年、不易坚持、大大咧咧的人格模式特征，使其不愿意受规则的束缚，但这已经是火星人的短板，所以火星人不能将这一短板再“遗传”给孩子。火星人应该帮助孩子建立一套规则，并让孩子遵循这一规则。只有帮孩子树立良好的是非观念和规则章程，才能让孩子更加懂事、更加优秀。

3. 学会调节自己的情绪

火星人是个比较容易情绪化的群体，高兴与伤心往往会在瞬间转换，要知道，太过情绪化往往会影响到亲子间的氛围。比如说，你正在高高兴兴地和孩子嬉闹，突然看到一件物品，勾起了自己的伤心回忆，脸上的笑容瞬间消失了，取而代之的是号啕大哭或者满脸怒火，这无疑会让孩子感到诧异，甚至惊吓到孩子，极大地破坏了亲子间的温馨氛围。如果长此以往，还会导致火星人与孩子间产生极大的沟壑。而且，孩子缺乏安全感也与这一点有关。

4. 做好表率

对于自身不拘小节、天马行空的火星父母来说，要想让孩子遵守自己为其制定的各种规则，那么自己首先就要学会遵守这些规则。如果火星人不遵守这些规则，却一味要求孩子遵守这些规则，这不仅难以让孩子心服口服，还会使孩子产生逆反心理。比如说，你让孩子多看书，少玩电脑游戏，但你自己下班回家后却一个劲地玩电脑游戏，这样怎么能让孩子心甘情地遵守你制定的规则呢？父母是孩子最好的老师，父母只有自己做好表率，才能更好地教育孩子。

附：认识自己　理解他人

五星人格在线测评说明

1. 关注“五星人格”微信公众号。

2. 进入五星人格公众号，点击底栏的【在线测评】进入五星人格测评。

3. 测评方法：请将题目中的四种行为描述，按最符合到最不符合，四个全部排序。点中词条后，上下拖动可改变排序。

同时“五星人格”公众号将定期推送职场沟通、营销、管理等文章，分分钟让你 Get 技能涨知识。另外想学习生活中恋爱、婚姻幸福秘诀，可以关注“五星知恋”公众号。